Filière forêt-bois et atténuation du changement climatique

Entre séquestration du carbone en forêt et développement de la bioéconomie

Alice Roux, Antoine Colin, Jean-François Dhôte
et Bertrand Schmitt, coordinateurs

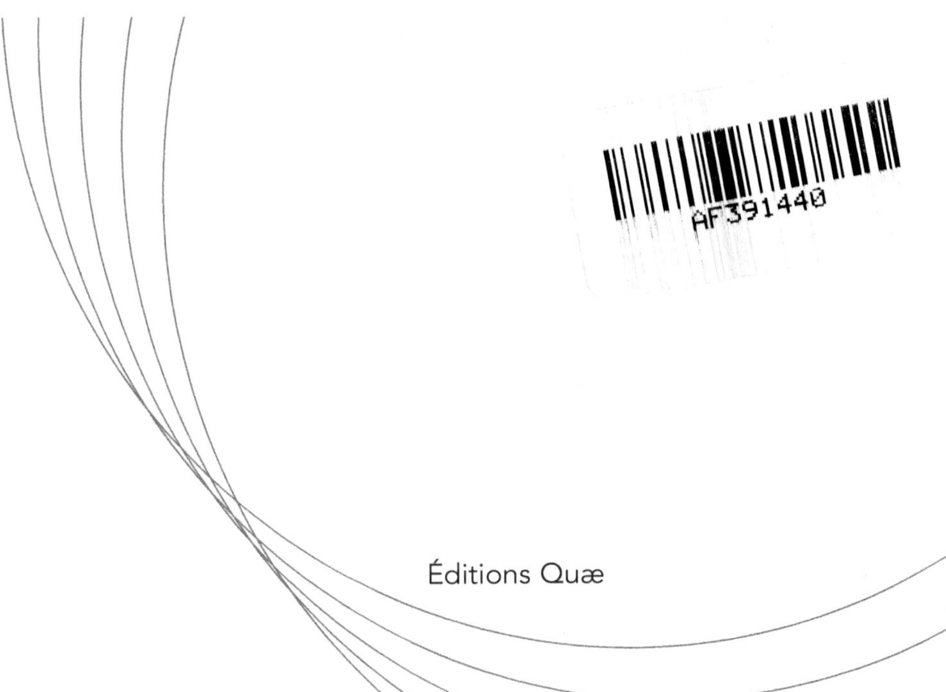

Éditions Quæ

Collection *Matière à débattre et décider*

Quelle politique agricole commune demain ?
C. Détang-Dessendre, H. Guyomard, coord.
2020, 306 p.

Artificialized land and land take
M. Desrousseaux, B. Béchet, Y. Le Bissonnais, A. Ruas, B. Schmitt, eds
2020

Quelles agricultures irriguées demain ?
S. Bouarfa, F. Brelle, C. Coulon, coord.
2020, 212 p.

Le présent document constitue une reprise révisée du rapport de l'étude sollicitée par le ministère en charge de l'Agriculture et menée par INRAE et l'IGN. Le contenu du rapport et de cet ouvrage n'engage que la responsabilité de leurs auteurs.

Le rapport et ses annexes sont disponibles sur le site www.inrae.fr (www.inrae.fr/actualites/quel-role-forets-filiere-foret-bois-francaises-lattenuation-du-changement-climatique).

Pour citer cet ouvrage :

Roux A. (coord.), Colin A. (coord.), Dhôte J.-F. (coord.), Schmitt B. (coord.), Bailly A., Bastien J.-C., Bastick C., Berthelot A. Bréda N., Caurla S., Carnus J.-M., Gardiner B., Jactel H., Leban J.-M., Lobianco A., Loustau D., Marçais B., Meredieu C., Pâques L., Rigolot E., Saint-André L., Guehl J.-M., 2020. *Filière forêt-bois et atténuation du changement climatique : entre séquestration du carbone en forêt et développement de la bioéconomie.* Versailles, éditions Quæ, 170 p.

Éditions Quæ
RD 10, 78026 Versailles Cedex
www.quae.com
© Éditions Quæ, 2020

ISBN papier : 978-2-7592-3120-1
ISBN PDF : 978-2-7592-3121-8
ISBN ePub : 978-2-7592-3122-5

ISSN : 2115-1229

Table des matières

Partie II
Bilans carbone et effets économiques de trois scénarios de gestion forestière à l'horizon 2050

Préface

Déjà nettement sensible sur toute la planète, le changement climatique est un des
bouleversements majeurs auxquels l'humanité doit faire face dès à présent et pour les
décennies à venir. L'atténuation de ce changement global nécessite que chaque secteur
d'activité, chaque filière de production, chaque ménage, chaque consommateur, chaque
citoyen du monde modifie en profondeur ses modes de production, de consommation,
de vie, et ses façons d'occuper l'espace afin de réduire les émissions de gaz à effet de
serre et les dommages environnementaux d'origine anthropique. Face à ces objectifs
impérieux, les politiques publiques se doivent de définir, d'orienter, d'impulser, d'inciter (de contraindre, s'il le faut) les évolutions sociétales nécessaires pour répondre à
ce défi planétaire.

Les travaux du Groupe d'experts intergouvernemental sur l'évolution du climat, le GIEC,
montrent clairement que limiter à un niveau inférieur à + 2 °C la hausse de la température
moyenne à la surface de la planète impose non seulement une réduction drastique des
émissions de gaz à effet de serre liées aux activités humaines en promouvant notamment
une économie décarbonée, mais aussi une augmentation des « puits » de carbone, qui
correspondent à des « émissions négatives » (IPCC, 2018). Dans ce contexte, la forêt a un
rôle particulier à jouer compte tenu de son étendue, de son fonctionnement biologique
et des services qu'elle rend à la société. Elle a, d'une part et grâce à la photosynthèse, la
capacité de fixer une partie du CO_2 atmosphérique et de séquestrer le carbone ainsi capté
dans les tissus de ses arbres et les écosystèmes forestiers. Elle fournit, d'autre part, une
ressource naturelle renouvelable favorable au développement d'une bioéconomie visant
à se substituer à une économie basée sur l'usage de ressources non renouvelables et
d'énergies fossiles, mais aussi cherchant notamment à réduire, par substitution de produits, nos émissions de gaz à effet de serre.

Si l'enjeu principal consiste, dans les régions intertropicales et boréales, à lutter contre
la déforestation et la dégradation des ressources forestières, les forêts et les forestiers
des régions tempérées se voient soumis à des objectifs qui peuvent paraître contradictoires : augmenter la captation du carbone atmosphérique pour accroître la séquestration
dans la biomasse et dans les sols tout en fournissant une part croissante des ressources
nécessaires à la production des biens matériels et de l'énergie dont les sociétés humaines
ont besoin, et renouveler progressivement les forêts pour leur permettre de s'adapter
aux conditions climatiques de demain. Le positionnement du curseur entre ces enjeux
potentiellement antagonistes est, depuis quelques années, l'objet de débats sociétaux
et scientifiques suffisamment intenses pour que l'on s'y arrête afin de bien en évaluer
les tenants et les aboutissants.

C'est dans cette optique qu'INRAE et l'IGN, à la demande du ministère français chargé de
l'Agriculture et de la Forêt, ont conjointement engagé une expertise scientifique visant à

éclairer les termes de ce débat en prenant appui sur l'exemple de la forêt et des filières forêt-bois de la France métropolitaine. Ce sont les résultats de cet important travail qui sont rassemblés dans le présent ouvrage.

L'objectif n'est clairement pas de trancher entre des positions présentées sous des formes parfois caricaturales ; il est, en revanche, de permettre aux acteurs (professionnels, publics, associatifs), aux décideurs et aux citoyens se sentant concernés par un tel enjeu de comprendre toute la complexité et les incertitudes qui entourent l'arbitrage entre séquestration du carbone en forêt et développement de la bioéconomie. Les experts de nos deux organismes et de certains de nos partenaires ont, pour cela, analysé les dimensions à prendre en compte pour penser et mettre en œuvre, dans une démarche de gestion durable des ressources forestières et des produits à base de bois, différentes stratégies bas-carbone envisageables.

En circonscrivant leur champ d'analyse à l'ensemble de la filière forêt-bois appréhendée à une échelle nationale, les auteurs explicitent tout d'abord les divers compartiments à explorer pour dresser un bilan carbone complet de la filière. Ce faisant, ils mettent en lumière les zones d'incertitude du bilan actuel, liées aux marges d'erreurs sur les données disponibles et aux difficultés à fixer certains coefficients et paramètres indispensables à l'établissement de tels bilans. Sur ces bases, ils proposent des projections de ce bilan carbone à l'horizon 2050, horizon qui peut socialement paraître assez lointain mais qui, à l'échelle des dynamiques forestières et climatiques, est finalement très proche. Plus précisément, il s'agit, au travers de ces projections, d'examiner les impacts que pourraient avoir trois stratégies de gestion forestière se différenciant principalement par le niveau de prélèvements (et de renouvellement) de la ressource qu'elles envisagent pour alimenter des filières de bioéconomie.

Cet exercice de projection prospective met tout d'abord en évidence que, quelle que soit l'option choisie, le bilan carbone de l'ensemble de la filière forêt-bois française a de fortes chances de continuer à progresser. Cela confirme le rôle majeur de ce secteur dans l'atténuation du changement climatique. Néanmoins, aux incertitudes déjà relevées pour l'établissement du bilan carbone actuel, s'en surajoutent de nouvelles sur le devenir de certains coefficients et paramètres techniques dont les valeurs influent sur les résultats de projection. Ainsi, le rythme de croissance de la forêt française va-t-il se maintenir à mesure du vieillissement des peuplements ? Dans quel sens vont évoluer les émissions de gaz à effet de serre évitées par la mobilisation de produits forestiers en substitution de biens dont la production est aujourd'hui plus émettrice de gaz à effet de serre ? Si ces incertitudes compliquent l'identification de « la » stratégie de gestion dégageant les bilans carbone les plus favorables, elles peuvent, comme on le verra au fil des pages qui suivent, guider la réflexion sur les usages des bois qu'il faudrait favoriser pour améliorer le bilan carbone des stratégies soutenant le développement de la bioéconomie.

À ces analyses de bilan carbone, les experts réunis ici ont souhaité ajouter deux dimensions à la fois originales et indispensables pour éclairer au mieux le rôle futur de la filière dans l'atténuation du changement climatique. En premier lieu, le recours à un modèle économique englobant l'ensemble de la filière française permet de mettre au jour les freins économiques à lever pour déployer des stratégies d'accroissement plus ou moins prononcé des prélèvements. Ensuite, comme très justement pointé par Verkerk *et al.* (2020), le niveau de réponse des filières forêts-bois et des stratégies de gestion dont elles feront l'objet sera très sensible, d'une part, aux conditions climatiques futures et, d'autre part, aux crises biotiques et abiotiques que la forêt sera probablement amenée à traverser de plus en plus régulièrement au cours des décennies à venir. Bien que particulièrement difficile à concevoir et à simuler, compte tenu notamment de la nature et des occurrences des événements à considérer, l'exploration simultanée de ces deux dimensions complémentaires a été tentée ici : elle permet de proposer une première approche de la résilience de la filière et de son bilan carbone face à de tels évolutions et événements.

Daniel Bursaux, directeur général de l'IGN
Philippe Mauguin, président-directeur général d'INRAE

Avant-propos

CET OUVRAGE EST ISSU D'UNE ÉTUDE RÉALISÉE PAR L'INRA (devenu depuis INRAE, Institut national de recherche pour l'agriculture, l'alimentation et l'environnement) et l'IGN (Institut national pour l'information géographique et forestière), à la demande du ministère de l'Agriculture et de l'Alimentation et du Conseil général de l'alimentation, de l'agriculture et des espaces ruraux, et conduite par la Direction à l'expertise scientifique collective, à la prospective et aux études (DEPE) d'INRAE. Comme tous les travaux conduits par la DEPE d'INRAE, cette étude a été menée selon les principes et les règles de conduite des expertises et des études édictées par cette structure (INRAE-DEPE, 2018). La DEPE d'INRAE réalise trois types d'opérations, engagées le plus souvent sur commandite des pouvoirs publics ou de partenaires extérieurs :
• les expertises scientifiques collectives (ESCo) consistent à réaliser un état de l'art et un assemblage des connaissances scientifiques existantes pour souligner les acquis, les incertitudes et les lacunes de connaissances, et mettre à jour les controverses scientifiques ;
• lorsque la littérature disponible n'est pas suffisante pour répondre précisément aux questions posées par les pouvoirs publics, une démarche de type étude pluridisciplinaire est mise en place. Les études s'apparentent aux ESCo, dont elles intègrent la démarche et qu'elles complètent avec la création de données nouvelles (collecte, analyses statistiques, calculs, simulations) ;
• les prospectives proposent à la réflexion des visions du futur (ou scénarios) en explorant le plus systématiquement possible des conjectures d'évolution basées sur les connaissances scientifiques disponibles.

L'étude présentée dans cet ouvrage inclut des éléments propres à chacune de ces trois approches. En s'interrogeant sur la façon d'établir les bilans carbone de la filière forêt-bois — entendue ici dans son acception la plus large, à savoir le système formé par les milieux forestiers et les activités liées à la gestion, à l'exploitation forestière et à la valorisation des produits à base de bois — et les incertitudes qui en ressortent, elle a tout d'abord adopté une démarche d'expertise en s'appuyant sur une revue de la littérature scientifique internationale pour préciser et discuter les hypothèses et les paramétrages à retenir pour chacun des compartiments de la filière susceptibles de séquestrer ou libérer du dioxyde de carbone (CO_2). Les résultats détaillés de cette première étape ont fait l'objet d'un premier rapport destiné au ministère en charge de l'Agriculture (Dhôte *et al.*, 2015). Envisageant également des stratégies différenciées de gestion forestière à l'horizon 2050, cette étude emprunte à la démarche prospective en élaborant des scénarios et en cherchant à en quantifier leurs conséquences à terme. Enfin, la quantification des effets des scénarios envisagés relève de la démarche d'étude, dans la mesure où elle mobilise des outils de simulation déjà existants, s'exposant ainsi à leurs limites.

Les résultats détaillés de l'ensemble de l'étude sont disponibles dans le rapport complet et ses nombreuses annexes (voir Roux *et al.*, 2017).

Ce travail a été coordonné par Alice Roux (INRAE-DEPE), en tant que cheffe de projet ; elle a été secondée par Marc-Antoine Caillaud et Kim Girard (INRAE-DEPE), qui ont assuré l'appui logistique et administratif. Le pilotage scientifique a été initialement confié à Jean-François Dhôte (INRAE), sachant qu'Antoine Colin (IGN) et Bertrand Schmitt, alors directeur de la DEPE (INRAE), l'ont relayé et ont assuré la finalisation de l'étude et la coordination du présent ouvrage. Pour mener à bien ce travail, un collectif d'experts, réunissant des chercheurs et ingénieurs d'horizons institutionnels et scientifiques variés, a été constitué en vue de couvrir les différentes thématiques abordées dans l'étude. Il était composé de : Alain Bailly (FCBA[1]) ; Claire Bastick (IGN) ; Jean-Charles Bastien (INRAE) ; Alain Berthelot (FCBA) ; Nathalie Bréda (INRAE) ; Sylvain Caurla (INRAE) ; Jean-Michel Carnus (INRAE) ; Antoine Colin (IGN) ; Barry Gardiner (INRAE) ; Hervé Jactel (INRAE) ; Jean-Michel Leban (INRAE) ; Antonello Lobianco (AgroParisTech) ; Denis Loustau (INRAE) ; Benoît Marçais (INRAE) ; Céline Meredieu (INRAE) ; Luc Pâques (INRAE) ; Éric Rigolot (INRAE) ; Laurent Saint-André (INRAE). On trouvera en fin d'ouvrage un récapitulatif des spécialités et des contributions de chacun des experts.

Le suivi de la réalisation du travail a été confié à un comité de pilotage qui a réuni, autour des services compétents du ministère en charge de l'Agriculture, commanditaire de l'étude, un ensemble d'experts administratifs, techniques et professionnels, assurant un échange constructif entre les différents points de vue qui s'expriment au sein de la filière forêt-bois française. Outre les représentants du ministère de l'Agriculture, Pierrick Daniel, Lise Wlérick, Frédéric Branger et Florian Claeys (DGEP) ainsi que Pierre Claquin et Élise Delgoulet (CEP), y ont participé Sylvie Alexandre (MTES-MCT) ; Bernard Roman-Amat, puis Michel Vallance (CGAAER) ; Jean-Luc Peyron (GIP Ecofor) ; Isabelle Feix et Miriam Buitrago (Ademe) ; Pierre Brender, Joseph Lunet et Elisabeth Pagnac-Farbiaz (MTES-DGEC) ; Gérard Deroubaix et Estelle Vial (FCBA) ; Christine Deleuze (ONF) ; Olivier Picard (CNPF-IDF) ; Jacques Chevalier (CSTB) ; Yves Duclerc (MTES-DHUP) ; Julia Grimault (I4CE).

Une première version de l'ouvrage a grandement bénéficié des relectures critiques et constructives de Erwin Dreyer (INRAE), Jean-Marc Guehl (INRAE), Mériem Fournier (AgroParisTech) et Jean-Luc Peyron (GIP Ecofor), dont les remarques nous ont été précieuses. Jean-Marc Guehl est en outre intervenu directement dans la rédaction en nous aidant à replacer la démarche mise en œuvre parmi les enjeux forestiers globaux face au changement climatique.

Même si ce qui suit relève de la responsabilité stricte des auteurs de cet ouvrage, les apports des membres du comité de pilotage et des relecteurs scientifiques ont été majeurs tant dans l'élaboration de la stratégie de l'étude que dans les interprétations des résultats qui en découlent. Nous tenons à les remercier toutes et tous de leurs apports.

---

1 FCBA, l'Institut technologique Forêt cellulose bois-construction ameublement.

Rôle des filières forêt-bois dans l'atténuation du changement climatique

LES ÉCOSYSTÈMES FORESTIERS SONT AU CŒUR D'ENJEUX MAJEURS pour la planète et l'évolution de son climat, en particulier pour leur rôle prépondérant dans le cycle du carbone. Le propos de cet ouvrage se limite au cadre métropolitain des forêts et du secteur forestier français. Afin de bien en saisir la portée, il est toutefois utile de rappeler certains éléments de base concernant les forêts dans leur globalité, et notamment leur sensibilité et leur importance face aux perturbations et aux déséquilibres environnementaux actuels caractérisant l'« anthropocène », que Crutzen et Stoermer (2000) définissent comme une « époque caractérisée par l'impact majeur des activités humaines sur la biosphère et le système terrestre globalement ». Il est également utile de considérer la diversité des contextes entre grandes régions du globe en ce qui concerne l'évolution des bilans carbone et les conséquences sur la teneur en CO_2 de l'atmosphère.

Un enjeu mondial

LES FORÊTS MONDIALES COUVRENT 4 MILLIARDS D'HECTARES, soit 31 % des surfaces terrestres. Elles contiennent 60 à 75 % du carbone de la biomasse végétale continentale et 40 à 53 % du carbone de la biosphère continentale, c'est-à-dire du carbone organique total contenu dans la végétation et les sols. Cela représente près de 860 gigatonnes de carbone (GtC), soit près de 3 150 $GtCO_2$, un compartiment équivalent à celui du CO_2 actuellement présent dans l'atmosphère.

Elles contribuent fortement au cycle naturel global du carbone à travers des échanges très intenses avec l'atmosphère. La production primaire brute des forêts, c'est-à-dire le flux photosynthétique d'entrée de CO_2 dans les écosystèmes, est évaluée à 220 $GtCO_2$/an, soit près de 50 % de celle de l'ensemble des couverts végétaux terrestres (Gough, 2011). À l'échelle des écosystèmes, ce flux entrant est en grande partie compensé par un flux en sens inverse de CO_2 lié aux dépenses énergétiques du métabolisme et de la croissance des végétaux, mais également des microorganismes associés aux végétaux ou assurant la transformation et la décomposition de la matière organique morte des litières et du sol. Les prélèvements de bois et les perturbations naturelles (telles que les tempêtes, les attaques biotiques, les extrêmes climatiques ou les incendies) contribuent également à ce flux sortant du fait de la mortalité végétale induite ou de la combustion. La différence entre flux entrants et sortants de CO_2 reste cependant positive à l'échelle planétaire, ce qui fait des écosystèmes forestiers un puits net de carbone.

Cette double caractéristique des forêts (leur contenu en carbone élevé et leurs flux d'échanges intenses bidirectionnels avec l'atmosphère) implique l'existence de relations fonctionnelles fortes entre les variations du stock de carbone dans les écosystèmes forestiers et la concentration atmosphérique en CO_2. La compréhension et la modélisation de ces relations nécessitent de les considérer dans le cadre des déséquilibres du cycle du carbone, induits par les perturbations liées aux activités humaines. Deux grands types de facteurs, respectivement de nature extensive et intensive, sont à considérer à cet égard :
• les changements d'utilisation des terres, transformant le plus souvent des surfaces à forte densité en carbone dans la biomasse et les sols (forêts, savanes, prairies, zones humides, etc.) en cultures ou plantations, parfois en terres dégradées, ont conduit à un transfert de carbone des écosystèmes terrestres vers l'atmosphère, induisant une augmentation lente du CO_2 atmosphérique depuis les années 1850 (Le Quéré *et al.*, 2018). Il s'agit ici d'une source de CO_2 endogène, n'augmentant pas la masse de carbone engagée dans le cycle naturel du carbone. Ces pratiques restent actuellement à l'origine de 14 % des émissions de CO_2 globales (figure I.1). La déforestation et la dégradation des forêts tropicales y prédominent ;
• les émissions de CO_2 liées à l'utilisation de carbone fossile, source exogène de carbone, représentent actuellement 86 % des émissions totales, qui s'élèvent à 40,2 $GtCO_2$/an en moyenne au cours de la dernière décennie (figure I.1). Leur rôle est prédominant dans l'augmentation de la concentration atmosphérique en CO_2 (410 parties par million en 2019, soit une augmentation de 50 % par référence au niveau préindustriel de 275 parties par million), en croissance exponentielle depuis les années 1950. Diverses approches suggèrent que la biosphère terrestre a répondu aux émissions anthropiques de CO_2 au cours du siècle dernier par une augmentation de la production primaire brute proportionnelle à l'augmentation en CO_2 atmosphérique, essentiellement par un effet direct de stimulation de la photosynthèse (Cernusak *et al.*, 2019). En cohérence avec ce constat, les simulations à l'aide de modèles de quantification des flux et bilans carbone à l'échelle des écosystèmes continentaux indiquent que la biosphère terrestre stocke actuellement 11,5 $GtCO_2$eq/an par accumulation du carbone dans la biomasse et les sols, soit 29 % des émissions annuelles totales de CO_2, contribuant ainsi, avec les océans (23 %), à atténuer l'accumulation de CO_2 dans l'atmosphère (figure I.1). Dans les décennies à venir, les impacts adverses du changement climatique global (sécheresses, canicules et interactions avec les attaques biotiques) sur la productivité terrestre et le stockage de carbone pourraient prédominer sur les effets positifs directs de l'augmentation du CO_2 sur l'activité photosynthétique.

Le puits de CO_2 terrestre actuel, résultant de la combinaison des effets de ces deux grands facteurs, est très largement attribué aux forêts (Pan *et al.*, 2011). Les évaluations par la FAO des ressources forestières mondiales permettent d'estimer l'évolution des surfaces et des stocks de carbone à l'échelle des grandes régions forestières (MacDicken, 2015) qui présentent des dynamiques très contrastées. Les forêts accusent globalement une diminution nette de près de 130 millions d'hectares depuis vingt-cinq ans (– 3 %). La vitesse de déforestation nette diminuait jusqu'en 2015, mais le phénomène reste important, surtout pour les forêts primaires tropicales, réduites de 222 millions d'hectares (– 11 %) au cours de la même période. Le puits terrestre de CO_2 actuel résulte *in fine* du stockage de carbone par les forêts non – ou peu – perturbées, tempérées ou boréales (dont les surfaces s'accroissent), mais aussi tropicales, dont la contribution l'emporte sur les émissions de carbone liées à la déforestation et à la dégradation forestière (Pan *et al.*, 2011).

Figure I.1. Devenir des émissions (sources) globales de CO_2 liées aux activités humaines (utilisation de combustibles fossiles et changement d'utilisation des terres incluant les déforestations) pour la période 2009-2018 à l'échelle planétaire.

Si 44 % des émissions totales restent dans l'atmosphère, 29 % des émissions sont stockées dans les écosystèmes terrestres continentaux, essentiellement dans les écosystèmes forestiers. Source : Global Carbon Project (Friedlingstein *et al.*, 2019).

Des pratiques de gestion et d'aménagement forestiers peuvent être mises en œuvre pour favoriser le stockage de carbone en forêt. Le vieillissement des peuplements est une option considérée. Des évaluations récentes ont porté sur le potentiel de stockage additionnel de carbone par des *nature-based solutions* (solutions fondées sur la nature)[2] de

---

2. Les solutions fondées sur la nature sont définies par l'UICN comme « les actions visant à protéger, gérer de manière durable et restaurer des écosystèmes naturels ou modifiés pour relever directement les défis de société de manière efficace et adaptative, tout en assurant le bien-être humain et en produisant des bénéfices pour la biodiversité ».

reforestation ou d'afforestation à l'aide d'espèces locales. Malgré leurs limites (conflits d'utilisation des territoires, acceptabilité sociale, etc.), ces approches peuvent contribuer aux objectifs de maintien du réchauffement climatique à 1,5 °C ou 2 °C analysés dans le cadre des travaux du Groupe d'experts intergouvernemental sur l'évolution du climat (GIEC) (IPCC, 2019). Atteindre cet objectif nécessite que les émissions nettes de CO_2 deviennent négatives au cours du xxie siècle (figure I.2). Le recours aux plantations forestières peut également contribuer à ces objectifs. Ainsi, dans la dynamique d'expansion des plantations notées par la FAO (Payn *et al.*, 2015) (4 % des surfaces forestières totales en 1990, 7 % en 2015), on peut mentionner les programmes très ambitieux mis en œuvre par la Chine et l'Inde. Outre le bénéfice en matière de stockage de carbone, l'objectif est ici également d'accroître la disponibilité en ressources ligneuses pour les secteurs utilisateurs aval, afin de réduire la pression sur la ressource des forêts naturelles ou semi-naturelles.

Figure I.2. Projections à l'horizon 2100 des émissions brutes de CO_2 liées aux activités humaines (utilisation de combustibles fossiles et changements d'usage des sols) selon les trajectoires socio-économiques (*Shared Socioeconomic Pathways*, SSPs), les trajectoires de forçage radiatif (*Representative Concentration Pathways*, RCPs) et les modèles d'évaluation intégrée (*Integrated Assessment Models*, IAMs).

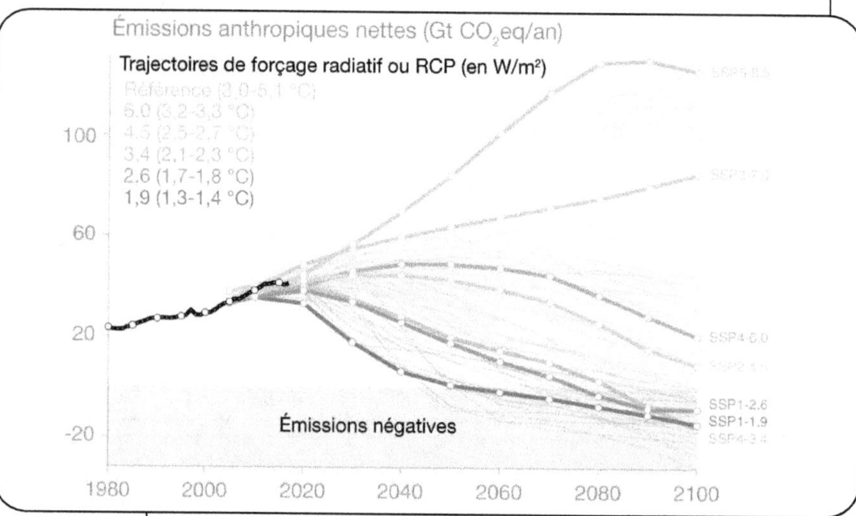

Les traits fins correspondent aux résultats d'un ensemble de modèles de simulation pour chacun des scénarios SSP × RCP (groupes de couleurs) dont le trait épais représente la médiane. La courbe noire représente les valeurs historiques observées. Les évolutions de température globale associées à chaque niveau de forçage radiatif (RCP) correspondent à des niveaux de réchauffement pour 2100 par rapport à la référence préindustrielle (1850-1900). Les scénarios limitant le réchauffement à + 2 °C ou moins (SSP1-2.6, SSP1-1.9 et SSP4-3.4) nécessitent la réalisation d'émissions nettes négatives pour la seconde moitié du xxie siècle. Source : Global Carbon Project (Riahi *et al.*, 2017 ; Rogelj *et al.*, 2018)

Les récoltes mondiales de bois sont évaluées à 3,3 milliards de mètres cubes par an – correspondant à près de 3,3 GtCO$_2$eq/an –, se répartissant de façon équivalente en bois-énergie et en bois d'œuvre et d'industrie (Houghton et Nassikas, 2017). Cette valeur n'est pas négligeable par rapport à celle du stockage dans les écosystèmes (11,5 GtCO$_2$eq/an dus à la séquestration nette de carbone en forêt) ; notons cependant qu'une telle estimation fait référence à des systèmes gérés selon les préceptes de la gestion durable des forêts, visant à assurer le caractère renouvelable des ressources. Par ailleurs, il importe de prendre en compte également les externalités positives du secteur forestier associées à l'utilisation de produits issus de ressources renouvelables de faible empreinte carbonée, comparativement à d'autres matériaux ou sources d'énergie davantage consommateurs de carbone d'origine fossile pour leur fabrication et leur mise en œuvre. L'emploi de produits à base de bois évite l'émission de carbone d'origine fossile dans l'atmosphère et l'impact de cet effet de substitution est très significatif dans le bilan net des émissions de CO$_2$ (Geng *et al.*, 2017).

La filière forêt-bois française et ses enjeux

LA RÉDUCTION DES ÉMISSIONS NETTES DE GAZ À EFFET DE SERRE et le stockage de carbone sont, au niveau mondial, des objectifs d'importance majeure que chaque échelon national a vocation à décliner en vue de limiter le changement climatique en cours. Grâce à leur capacité de stockage de carbone et, par conséquent, d'atténuation de l'augmentation du CO$_2$ atmosphérique, les forêts et, plus largement, la filière forêt-bois constituent un secteur stratégique pour l'atténuation du changement climatique, notamment. Cela s'explique par la combinaison du stockage dynamique et réversible du carbone dans les écosystèmes et dans les produits issus de la filière, et par la substitution cumulative et définitivement acquise résultant de l'usage du bois en remplacement d'énergies ou de matériaux concurrents, non renouvelables et présentant des bilans carbone moins favorables (Eriksson *et al.*, 2012).

La forêt française métropolitaine s'étend sur 16,7 millions d'hectares, dont 15,9 millions d'hectares sont disponibles pour la production de bois, soit 30 % du territoire (IGN, 2016). On estime qu'elle a doublé de surface depuis le minimum historique situé vers 1830 (Bontemps, 2017). Cette expansion s'est poursuivie depuis 1975 au rythme très soutenu de 66 000 ha/an en moyenne (Denardou *et al.*, 2018). Simultanément, le volume de bois sur pied a doublé en cinquante ans, ce qui fait de la forêt française la troisième la plus riche d'Europe, après l'Allemagne et la Suède, qu'elle devrait dépasser prochainement si la dynamique actuelle se poursuit. Son stock s'accroît de 27 millions de mètres cubes de bois par an (Hervé *et al.*, 2016). La forêt française est hétérogène, à toutes les échelles, depuis celle des paysages (les sylvo-écorégions extrêmes ont des taux de boisement allant de moins de 10 % à près de 70 %) jusqu'à celle de la parcelle ; les taillis sous futaie sur plateaux calcaires de l'Est constituant, par exemple, des forêts très riches en espèces, alors que les vastes superficies de taillis méditerranéens n'hébergent le plus souvent qu'une seule espèce. Les trois quarts des forêts sont privées, l'État détenant 9 % des surfaces (forêts domaniales) et les collectivités 17 % (essentiellement des forêts communales). Appartenant à environ 3,3 millions de propriétaires, la forêt privée est constituée pour 36 % de sa surface d'entités de moins de 10 ha et pour 47 % de plus de 25 ha (FCBA, 2016). Plus de 100 espèces ligneuses sont recensées par l'IGN dans les forêts françaises. Les 12 espèces les plus abondantes représentent seulement 40 % du total du volume sur pied : chênes pédonculé, sessile et pubescent, hêtre, châtaignier, charme, frêne chez les feuillus ; sapin pectiné, épicéa commun, pins sylvestre et maritime, douglas chez les résineux. Les arbres feuillus représentent 67 % de la surface, 64 % du volume sur pied et 60 % de son accroissement annuel (IGN, 2016). Les méthodes sylvicoles sont assez variées, du fait de la multitude des propriétaires, de la forte diversité des potentialités des milieux et des contraintes de gestion. Les industries de première transformation (pâte à papier, panneaux de fibres ou particules, contreplaqués, sciages) sont concentrées dans une large bande allant du sud-ouest au nord-est (Aquitaine, Auvergne-Rhône-Alpes, Centre-Val de Loire, Bourgogne-Franche-Comté, Grand Est). L'industrie de transformation des feuillus est en recul continu depuis trente ans, 80 % des sciages produits actuellement étant d'origine résineuse. Qu'ils soient feuillus ou résineux, les gros et très gros bois trouvent plus difficilement preneur, du fait des modes d'exploitation mécanisés et des procédés et technologies industrielles actuelles qui valorisent mieux les bois de grosseur intermédiaire (bois reconstitués, sciage canter, etc.). La valorisation en bois-énergie est en forte croissance, souvent au détriment du bois d'industrie (voire du bois d'œuvre), du fait des limites de l'offre.

La filière forêt-bois française, qui est restée largement artisanale pour un certain nombre d'essences, se trouve maintenant placée, du fait de la crise climatique, à la croisée des chemins. D'abord, la prise de conscience des risques associés au réchauffement inciterait *a priori* les acteurs de tous les secteurs à préférer une attitude proactive d'anticipation, en transformant, en programmant et en diversifiant leurs activités, ce qui suppose un effort d'investissement dans la durée. Ensuite, l'émergence de la bioéconomie[3] pousse la filière forêt-bois à devenir une voie essentielle d'approvisionnement de cette nouvelle économie, et donc à changer d'échelle et d'ambition dans ses finalités industrielles (Sedjo et Sohngen, 2013 ; Mathijs *et al.*, 2015). Enfin, les forestiers ont mis en œuvre depuis longtemps, et de manière plus formalisée depuis les grandes conventions internationales découlant du Sommet de Rio et les directives européennes sur la protection de la nature et de la biodiversité, diverses pratiques de gestion multifonctionnelle des forêts qui assurent un équilibre entre la production de bois et les autres services écosystémiques, pour la plupart non marchands, rendus par les forêts (protection de la biodiversité, eau de qualité, aménités, régulation du climat, etc.). Les formes concrètes de cette pratique multifonctionnelle sont aujourd'hui remises en question à la fois par la modification des enjeux, notamment le rôle structurant des risques dans les dynamiques forestières récentes, et par la reformulation de certaines

---

3. La bioéconomie peut être vue comme un vaste chantier de reconfiguration des procédés et des façons de produire permettant d'aller vers une économie décarbonée : circularité, ressources renouvelables, limites posées par la durabilité des pratiques en amont et le recyclage en aval, sobriété en émissions, pollutions, mais aussi consommation de ressources minérales rares (Bihouix, 2014).

contraintes (impacts environnementaux à distance induits par le commerce international, réémergence de pressions sur l'usage des terres découlant d'une relocalisation des productions et d'objectifs accrus de durabilité).

Les leviers forestiers d'atténuation

PARMI LES NOMBREUSES POLITIQUES PUBLIQUES qui concernent directement et indirectement le système forêt-bois, celles relatives au climat gagnent progressivement en importance. En Europe, le débat des dernières années porte sur les différentes stratégies possibles pour accentuer le rôle, déjà considérable, des forêts dans l'atténuation du changement climatique (Nabuurs *et al.*, 2015).

Actuellement, la plupart des forêts européennes séquestrent du carbone, les niveaux de prélèvements étant nettement inférieurs à l'accroissement biologique net. C'est en France que cet écart est le plus prononcé (de l'ordre de 70 $MtCO_2$/an) compte tenu de l'importance de la surface boisée et de la variabilité des essences et des contextes pédoclimatiques plus ou moins favorables à la croissance et à l'exploitation forestière.

Vis-à-vis du changement climatique, cette accumulation est ambivalente : d'un côté, elle génère un puits de carbone très significatif qui vient compenser les émissions brutes de la France à hauteur de 10 % en moyenne (Citepa, 2017) ; d'un autre côté, l'insuffisance de gestion sur de vastes zones et les niveaux croissants de capital sur pied qui la soustendent pourraient entraîner à moyen et long termes une vulnérabilité accrue aux impacts du changement climatique, notamment aux grandes crises (sécheresses, tempêtes, incendies, ravageurs) dont l'apparition entraînerait des relargages massifs de carbone vers l'atmosphère et pourrait remettre en question des bénéfices carbone accumulés (Seidl *et al.*, 2014 ; Galik et Jackson, 2009). Parallèlement, l'option consistant à freiner la capitalisation en cours, en augmentant les récoltes dans le cadre d'une gestion durable des ressources, peut offrir elle aussi des bénéfices climatiques, grâce à la réduction des émissions de carbone d'origine fossile que permet l'usage du bois, par substitution à des ressources concurrentes, comme matériau et comme énergie, directement ou en fin de vie.

La question qui se pose aux décideurs est donc de choisir comment orienter la contribution des forêts à l'atténuation du changement climatique, en jouant sur les quatre leviers qui permettent de limiter les émissions de CO_2 (Pingoud *et al.*, 2010 ; Thürig et Kaufmann, 2010 ; Beauregard *et al.*, 2019 ; Valade *et al.*, 2018) :
- le stockage de carbone dans l'écosystème ;
- le stockage de carbone dans les produits à base de bois ;
- la réduction des émissions de CO_2 des activités humaines en substituant des produits à forte capacité d'émissions par des produits à base de bois sous forme de matériau ;
- la réduction des émissions de CO_2 des sources d'énergie en substituant les énergies fossiles par du bois-énergie.

En simplifiant, le jeu sur ces quatre leviers (non indépendants) résulte de deux grands arbitrages, plus ou moins faciles à gérer *via* les politiques publiques : un premier concerne l'usage des sols forestiers (remise en gestion, voire intensification *versus* poursuite de l'extensification) ; un second porte sur le poids respectif des différentes voies de valorisation industrielle du carbone forestier (bois massif, fibres, chimie, énergies, etc.), la compétition et les synergies s'exerçant à la fois entre ces voies, entre procédés élémentaires et avec les matériaux concurrents (Schwarzbauer et Stern, 2010).

La gestion de ces arbitrages doit tenir compte des différents services attendus des forêts. En particulier, certains dispositifs de conservation conduisent à accumuler du carbone, pour des raisons qui ont peu à voir avec le climat, mais sont justifiées par un autre effet recherché, par exemple sur la biodiversité. Les arbitrages doivent être réfléchis à des échelles spatiales et temporelles appropriées : dans un contexte de gestion durable des forêts, les enjeux concernent le niveau des massifs et des bassins de production, et non l'échelle individuelle des peuplements ; dans le temps, il faut conjuguer les effets immédiats sur l'intensité du puits ou l'activité industrielle avec des effets différés résultant des impacts plus ou moins prononcés des perturbations à venir dans une situation de risque accru. S'agissant d'un milieu naturel géré et productif, il ne serait pas pertinent de raisonner sur un continuum sol-forêt-atmosphère isolé, en ignorant les conséquences indirectes des usages du bois (par substitution). La gestion forestière est une activité intégrée qui, outre l'équilibrage entre les fonctions, apporte une réponse circonstanciée aux différentes facettes de l'enjeu climatique, c'est-à-dire qu'elle intègre en même temps les besoins d'atténuer le changement climatique, de se prémunir de ses conséquences par l'adaptation des pratiques, d'accroître la résilience d'ensemble du système pour surmonter les crises et d'assurer une certaine stabilité des différents services écosystémiques fournis. Enfin, la réponse à la question de l'orientation de la gestion forestière doit se comprendre comme localisée, c'est-à-dire déclinée par régions biogéographiques, par types de propriétés et par types de peuplements, définissant ainsi des configurations spécifiques d'enjeux, d'opportunités et de contraintes qui peuvent appeler des solutions localement différenciées.

Une évaluation originale des potentialités d'atténuation de la filière française

L'ÉVALUATION DES CONTRIBUTIONS POSSIBLES DES FORÊTS et de la filière forêt-bois à la politique climatique nationale, avec ses leviers et ses freins, doit apporter l'éclairage nécessaire à la conception de nouveaux instruments de politique publique. Pour instruire cette question, nous avons poursuivi deux objectifs non indépendants :
• sur le plan des finalités, proposer une méthode d'évaluation du bilan carbone de la forêt et de la filière forêt-bois qui prenne en compte simultanément les principales composantes du bilan pour répondre au besoin exprimé par Guehl *et al.*, 2016 : « Manifestement,

les règles actuelles internationales de comptabilisation du carbone séquestré ou évité par la filière forêt-bois sont insuffisantes et ne permettent pas véritablement de fonder une politique efficace d'atténuation du changement climatique. Il est temps de le reconnaître pour proposer à partir d'elles, ou en parallèle, une méthode globale d'évaluation du bilan carbone de la forêt et du bois. » ;

• sur le plan scientifique, mobiliser conjointement trois modèles dynamiques pour prendre en compte les principales interactions : climat-végétation, comportement économique des acteurs, dynamique spatialement distribuée de populations d'arbres ordonnées par taille, sensibilité de l'écosystème forestier à des crises d'origine abiotique et biotique.

Parmi les quatre grands leviers d'atténuation des émissions de CO_2 par la filière forêt-bois, identifiés en vue d'élaborer un bilan carbone de cette filière (Madignier *et al.*, 2014 ; Roux *et al.*, 2017), deux d'entre eux concernent directement le stockage de carbone : dans l'écosystème forestier tout d'abord (bois sur pied, bois mort et sols forestiers) ; dans les produits bois ou à base de bois ensuite, une fois ceux-ci prélevés en forêt et mobilisés au sein de la filière forêt-bois. Deux autres, moins directs, concernent les émissions de gaz à effet de serre évitées grâce au recours à des produits bois plutôt qu'à des produits concurrents qui en émettent plus. Ces effets de substitution bois-énergie et bois-matériaux (Lippke, 2009) sont de nature fort différente : le premier ne joue pas forcément en faveur du recours au bois dans la mesure où il est de faible rendement par rapport à des sources comme le gaz, et que la combustion du bois est également responsable de l'émission de carbone ; le second, sans lien avec le contenu en carbone du bois, indique surtout que les processus de transformation du bois peuvent être moins émetteurs de gaz à effet de serre que les matériaux concurrents, notamment parce qu'ils requièrent moins d'énergie. L'utilisation des bois en cascade, c'est-à-dire en favorisant les usages matériaux avant les usages industriels puis les usages énergétiques en fin de cycle, permet d'optimiser l'effet global de substitution des produits bois.

Comment ces quatre leviers sont-ils aujourd'hui mobilisés dans les forêts et la filière forêt-bois françaises ? Comment leur rôle pourrait-il être renforcé à l'avenir ? Les hypothèses et les coefficients utilisés pour élaborer le bilan carbone de la filière dans le contexte français ont, dans un premier temps, été affinés et discutés grâce à une analyse détaillée de la littérature scientifique internationale. Trois scénarios contrastés d'évolution de la gestion forestière, considérés comme plausibles à l'horizon 2050, ont ensuite été élaborés :

• le scénario d'« Extensification » peut être considéré comme accentuant les tendances actuelles de mobilisation décroissante de la ressource ;

• le scénario dit de « Dynamiques territoriales », marqué par une forte hétérogénéité entre les régions, prolonge les divergences actuelles entre celles qui demeurent actives et celles qui restent durablement peu interventionnistes, ce qui revient à augmenter de façon conséquente les volumes prélevés annuellement, puisque la ressource française est en expansion ;

• le scénario d'« Intensification » combine une gestion plus active de la forêt, entraînant de fortes augmentations des taux de prélèvement, notamment en forêt privée, et un plan de reboisement de 500 000 ha en dix ans visant à accroître à moyen terme la productivité sur une partie ciblée des forêts (Hedenus et Azar, 2009). Ce dernier scénario reprend ainsi, en les précisant, les grandes lignes de la proposition du rapport de Madignier *et al.* (2014).

Les conséquences de ces trois scénarios contrastés ont été simulées jusqu'à l'horizon 2050 en combinant les résultats de plusieurs modèles afin d'évaluer leurs effets sur la dynamique de la ressource, sur les prélèvements et sur les usages du bois récolté. Au cœur du dispositif se trouve le modèle de ressource Margot[4] de l'IGN. Il permet d'obtenir, par périodes quinquennales, l'évolution des stocks sur pied, les volumes annuels de bois mort ainsi que les volumes récoltés selon leurs usages, fixés de façon exogène au modèle, sauf dans le cas où le scénario prévoit une poursuite de la tendance actuelle. C'est sur la base de ces résultats qu'a pu être réalisé, aux différentes périodes quinquennales allant de 2016 à 2050, un bilan carbone des différents compartiments de la filière forêt-bois française : stockage du carbone dans l'écosystème forestier (sur pied, bois mort et sols) ; stockage du carbone dans les produits bois ; émissions de gaz à effet de serre évitées par effets de substitution dans le secteur de l'énergie et dans celui des matériaux.

Parallèlement et indépendamment des simulations avec le modèle Margot, les scénarios « Extensification » et « Intensification » ont fait l'objet d'une analyse économique menée à partir du modèle de filière FFSM[5]. En examinant la faisabilité économique de ces scénarios et les modifications que devrait subir la filière pour qu'ils adviennent, notamment en matière de transformation et de consommation de produits bois, la mobilisation de FFSM a permis d'identifier les gains qui pourraient être attendus, au sein de la filière, lors de l'implémentation de l'un ou l'autre des scénarios.

Pour prendre en compte l'éventuelle accentuation du changement climatique, le modèle démographique Margot a été complété grâce aux résultats provenant du modèle GO+, qui intègre plus directement les processus biophysiques intervenant dans la croissance forestière.

Outre les effets tendanciels du changement climatique, certaines crises majeures peuvent, d'ici à 2050, affecter plus ou moins fortement les forêts françaises et leurs capacités de stockage du carbone. Ainsi, on a considéré trois types de crises pour certains scénarios de gestion :
• un épisode incendiaire de grande ampleur, aggravé par le changement climatique ;
• une tempête de grande envergure dévastant, comme l'ont fait les tempêtes Lothar et Martin en 1999 ou Klaus en 2009, les massifs forestiers français, sachant qu'un tel événement extrême est souvent suivi d'une pullulation de scolytes sur les résineux et d'épisodes incendiaires conséquents dans le contexte d'une accentuation de la sécheresse ;
• plusieurs formes d'invasions biologiques touchant les pins ou les chênes.

---

4. Margot pour *MAtrix model of forest Resource Growth and dynamics On the Territory scale*.
5. FFSM pour *French Forest Sector Model* (modèle du secteur forestier français).

L'impact sur le bilan carbone de ces crises a été évalué pour chacun des compartiments de la filière forêt-bois, par effet de cascade.

L'étude s'est positionnée à l'horizon 2050, plus lointain que celui envisagé par nombre de travaux antérieurs, avec pour objectif d'analyser différentes stratégies de gestion forestière et d'activer au mieux les leviers forestiers d'atténuation du changement climatique. Bien que trop proche pour illustrer certains phénomènes à longue portée induits par la dynamique forestière, cet horizon permet de comparer de manière intégrée diverses options de mobilisation de la ressource. C'est dans ce but que les trois scénarios contrastés d'évolution de la filière ont été construits, et un plan de reboisement cohérent au vu des caractéristiques fines de la forêt française a été conçu pour amplifier significativement le stock de produits bois-matériaux mis en œuvre au-delà de 2050. Les effets sur la dynamique de la filière forêt-bois de ces scénarios sont simulés en mobilisant simultanément les trois modèles Margot, FFSM et GO+ – dans les limites méthodologiques, car ces modèles ont rarement fonctionné en interaction et à un horizon aussi lointain. L'établissement des bilans carbone des différents compartiments de la filière forêt-bois s'appuie en outre sur des hypothèses et des coefficients pour lesquels la littérature scientifique disponible souligne les nombreuses incertitudes concernant en particulier certains facteurs clés des processus concernés. Enfin, il est apparu nécessaire, compte tenu des aléas climatiques, biotiques et abiotiques qui pourraient affecter la forêt française dans les décennies à venir, d'introduire dans l'analyse non seulement les impacts potentiels du changement climatique, mais aussi ceux de crises majeures. Ces dernières, très complexes à concevoir, sont intégrées ici sous forme d'un cortège de risques associés, forme originale et réaliste, mais qui accroît la complexité du dispositif.

En cherchant à relever simultanément ces nombreux défis, cette étude s'est placée à la limite des connaissances actuelles et des capacités des outils d'analyse disponibles. Les résultats présentés dans cet ouvrage sont donc à prendre, comme d'usage, avec toutes les précautions requises, en tenant compte notamment des incertitudes fortes qui portent sur certains des mécanismes clés et des choix délicats qu'il est indispensable de faire pour mener à bien un tel travail. Si ces choix sont le plus souvent raisonnés, ils sont parfois contraints par les outils disponibles ou par la multiplicité des options possibles. Quoi qu'il en soit, ils ont été faits avec le moins d'arbitraire possible.

Le dispositif conçu pour cette étude répond à la complexité des processus de décision en situation d'incertitude, c'est-à-dire en condition non stationnaire et sous forts aléas, à partir d'une connaissance incomplète. Cette situation, commune à d'autres domaines d'activité nécessitant une projection à long terme, prend une importance particulière pour les forêts, compte tenu de l'inertie des dynamiques ainsi que de la fréquence et de la gravité croissante des dégâts forestiers. Un système de modèles pertinents et un jeu de paramètres, même incertains, constituent une base utile pour guider les réflexions sur la façon d'orienter la gestion forestière en vue d'atténuer le changement climatique.

Cet ouvrage reprend les principaux résultats de l'étude, dont les détails méthodologiques et les résultats précis peuvent être consultés dans Roux *et al.* (2017) et ses annexes.

Afin d'en faciliter la lecture, les trois parties qui structurent ce livre s'articulent de la façon suivante :

• tout d'abord, en s'appuyant sur une revue de la littérature, on procède à une analyse détaillée des hypothèses et des coefficients relatifs à chaque compartiment du bilan carbone de la filière forêt-bois, ainsi que des incertitudes majeures inhérentes à chacun de ces compartiments (chapitre 1). Cette étape permet d'établir le bilan carbone actuel des différents compartiments de la filière forêt-bois française et ainsi de visualiser la contribution de chacun des leviers d'atténuation du changement climatique (chapitre 2). Sur cette base, on montre que le bilan carbone de la filière forêt-bois est susceptible d'évoluer à l'horizon 2050 selon certains facteurs, mais aussi en fonction des changements que peuvent subir les coefficients et les hypothèses exposées auparavant ;

• la logique qui conduit à la construction des trois scénarios d'évolution de la gestion forestière à l'horizon 2050 est présentée dans la deuxième partie. Ces trois scénarios sont détaillés et analysés (chapitre 3). Afin de quantifier leurs conséquences à l'horizon 2050 en termes de bilan carbone et en termes économiques, ils ont été implémentés dans une démarche de simulation dont on présente les résultats (chapitres 4 et 5) ;

• la troisième partie est conçue comme une analyse de sensibilité par rapport aux trois scénarios de référence d'évolution de la gestion forestière à l'horizon 2050. On expose et mesure les effets sur le bilan carbone de la filière forêt-bois d'une aggravation du changement climatique (chapitre 6) et/ou de crises majeures (chapitre 7). Pour cela, on construit des options d'évolution du climat différenciées ainsi que des « histoires » de crises biotiques et abiotiques majeures pouvant impacter les forêts à des horizons lointains tels que 2050. Les effets de ces options climatiques et de ces crises majeures font à nouveau appel à une démarche de simulation en vue d'en mesurer les impacts sur le bilan carbone de la filière forêt-bois à l'échéance 2050.

Finalement, l'intérêt principal et l'originalité réelle de cette étude résident en son caractère intégrateur, en associant, au niveau métropolitain français, l'amont forestier – y compris le rôle de la gestion et de l'aménagement forestiers – et l'aval des filières industrielles utilisatrices des ressources forestières. Les différents leviers jouant sur l'atténuation du changement climatique peuvent être considérés dans leurs interactions et leurs compromis. Comme on le verra tout au long de cet ouvrage, beaucoup de questions restent ouvertes dans un contexte où l'appropriation de la production des écosystèmes par l'homme pour la satisfaction de ses seuls besoins est au centre de nombreux débats (Haberl *et al.*, 2007 ; Erb *et al.*, 2016).

La singularité des politiques forestières tient dans la nécessité de faire des arbitrages dans un contexte structurel d'incertitudes inhérent au temps long de la croissance des arbres et à la complexité des multiples interactions entre les processus biologiques, naturels et sociaux que sont le climat, l'économie, les risques naturels, les perceptions et les attentes des populations rurales et citadines, etc., elles-mêmes évolutives sur le moyen et le long terme. Malgré l'ampleur des incertitudes liées à l'accélération du rythme du changement climatique, il est plus que jamais nécessaire d'apporter des éclairages sur des futurs probables du système forêt-bois, en identifiant les freins et les leviers de divers scénarios. Dans ce contexte, deux études scientifiques (Roux *et al.*, 2017 ; Valade *et al.*, 2018) et une initiative résolument axée sur les enjeux environnementaux (du Bus de Warnaffe et Angerand, 2020), publiées récemment en France, proposent différents scénarios de gestion forestière et de prélèvement de bois. Pour sa part, l'étude présentée dans cet ouvrage souhaite apporter une contribution au diagnostic sur le rôle de la filière forêt-bois dans l'atténuation de l'effet de serre, en décrivant de la manière la plus transparente possible, compte tenu des connaissances scientifiques et des outils actuellement disponibles, les impacts attendus et documentés sur le bilan carbone de différentes options de développement forestier.

Partie I

Le bilan carbone actuel de la filière forêt-bois

En France, comme partout à travers le monde, les forêts et la filière forêt-bois sont considérées aujourd'hui comme un secteur d'activité stratégique pour l'atténuation du changement climatique (Grassi *et al.*, 2017 ; Madignier *et al.*, 2014), combinant à la fois un effet de stockage de carbone dans les écosystèmes forestiers et dans les produits bois, et un effet de substitution du bois à des matériaux et à des énergies fossiles plus largement émetteurs de gaz à effet de serre. Avant de projeter à des horizons lointains divers scénarios d'évolution de gestion forestière, il y a lieu de préciser les modes de comptabilisation des effets de chacun de ces quatre leviers sur l'atténuation des émissions nettes de gaz à effet de serre. Une analyse des connaissances scientifiques actuelles permet, d'une part, de (re)préciser les coefficients et les hypothèses permettant le calcul du bilan carbone de la filière forêt-bois à l'état actuel et, d'autre part, d'examiner les limites et les incertitudes relatives à chacun des compartiments de stockage et de substitution. Sur ces bases, on propose une estimation du bilan carbone actuel de la filière forêt-bois française et on engage une première réflexion sur la façon dont celui-ci est susceptible d'évoluer à long terme, en fonction de certains facteurs essentiels, tels que l'évolution de la gestion forestière ou du climat, pouvant impacter les dynamiques forestières et l'usage des produits bois dans la filière à l'horizon 2050, mais aussi la valeur de certains coefficients et hypothèses de calcul.

Au-delà des débats sur les options à retenir pour élaborer le bilan carbone de la filière, la question qui se pose est de savoir s'il est, à terme et de manière globale à l'échelle de la forêt française, plus intéressant de favoriser le stockage du carbone *in situ* dans l'écosystème forestier en limitant les prélèvements ou, au contraire, de favoriser le stockage *ex situ* dans les produits bois et les effets de substitution en stimulant les usages des produits issus de la filière forêt-bois.

1. Capacité d'atténuation des compartiments de la filière forêt-bois

LA REVUE DE LA LITTÉRATURE SCIENTIFIQUE INTERNATIONALE réalisée pour cette étude vise à identifier les hypothèses et les coefficients de stockage et de substitution relatifs aux quatre compartiments identifiés précédemment (stockage dans l'écosystème forestier et stockage dans les produits bois ; substitution-matériau et substitution-énergie[6]), afin de calculer le bilan carbone de la filière forêt-bois française. Ces revues de littérature nous servent à définir la valeur des coefficients et les hypothèses pouvant s'appliquer au contexte français et à préciser les limites et incertitudes qui peuvent les affecter.

Évaluation du stockage de carbone dans l'écosystème forestier

LE STOCKAGE DU CARBONE DANS L'ÉCOSYSTÈME FORESTIER résulte de la capacité de celui-ci à absorber du CO_2 de l'atmosphère au travers du processus de photosynthèse et s'applique à la biomasse vivante, aérienne et souterraine, au bois mort et aux sols forestiers.

▌ Stockage de carbone dans la biomasse forestière vivante

En France, le rapportage national des émissions et absorptions de gaz à effet serre auprès de la Convention-cadre des Nations unies sur les changements climatiques (CCNUCC) est réalisé par le Centre interprofessionnel technique d'études de la pollution atmosphérique (Citepa). Il présente les flux de CO_2 entrants (production biologique) et sortants (prélèvements de bois) de la biomasse aérienne et racinaire des arbres au cours de la période de rapportage.

Concrètement, ces valeurs initialement calculées par l'Inventaire forestier national (IFN) en volume « bois fort tige » (c'est-à-dire le volume de la tige principale des arbres, sans les branches, jusqu'à un diamètre de 7 cm en haut de l'arbre) sont converties en masse de carbone dans la tige, les branches et les racines à l'aide de séries d'équations et de coefficients spécialement adaptés aux caractéristiques de la forêt française en termes d'essences et de forme des arbres, en lien avec les pratiques sylvicoles et les conditions de croissance. Le volume total aérien (incluant la tige, les branches et les brindilles) est estimé à l'aide de tarifs de cubage (équations allométriques) tenant compte de la

---

6. Les revues de la littérature scientifique internationale complètes sur chacun des leviers sont disponibles dans Roux *et al.* (2017, annexes 2, 3 et 4).

diversité des essences forestières présentes en France (Dupouey *et al.*, 2010). Le volume des racines est calculé proportionnellement au volume total aérien, à l'aide d'un facteur d'expansion correspondant à la moyenne des essences forestières rencontrées en France. Une fois le volume total de l'arbre estimé, il est converti en quantité de matière sèche par l'emploi de coefficients moyens d'infradensité du bois issus d'une méta-analyse réalisée par Dupouey *et al.* (2010). Les résultats sont finalement convertis en masse de carbone. On peut enfin dériver de cette chaîne de calcul des valeurs moyennes de coefficients de conversion du « volume IFN » en « masse de carbone ». Bien que contingentes des définitions des différents facteurs et des caractéristiques de la ressource forestière française au moment de l'inventaire, ces valeurs moyennes sont très utiles pour estimer rapidement des stocks de carbone à partir de données volumétriques usuelles dans le monde forestier. Ces valeurs moyennes ont été comparées aux valeurs homologues repérées dans la revue de littérature pour les autres pays forestiers.

Le tableau 1.1 résume les résultats de cette étude des différentes variations repérées.

Tableau 1.1. Gamme de variation des coefficients de transformation des volumes bois fort tige IFN en volume aérien total en C et en CO_2, France (état actuel en gras).

	Résineux			Feuillus		
Gammes de valeurs	Basse	Centrale	Haute	Basse	Centrale	Haute
Concentration en carbone	0,45	**0,475**	0,50	0,45	**0,475**	0,50
Infradensité (t/m³)	0,36	0,40	**0,44**	0,52	**0,55**	0,58
BEF[1] (racines)	1,20	**1,30**	1,30	1,20	**1,28**	1,30
BEF[1] (branches)-Colin (2014)	1,25	**1,30**	1,35	1,50	**1,56**	1,60
BEF[1] (branches) CARBOFOR		1,34			1,61	
Coefficients intégrés (en t/m³) pour :						
C/m³ VBFtige[2] IFN	0,24	0,32	0,39	0,42	0,52	0,60
CO_2/m³ VBFtige[2] IFN	0,89	**1,18**	1,42	1,55	**1,91**	2,21
C/m³ VAT[3]	0,19	0,25	0,29	0,28	0,33	0,38
CO_2/m³ VAT[3]	0,71	**0,91**	1,05	1,03	**1,23**	1,38

[1] BEF (*biomass expansion factor*) : coefficient utilisé pour estimer un volume aérien total (tiges, branches et houppier) à partir d'un volume bois fort tige, en vue d'évaluer plus complètement le carbone séquestré en forêt.

[2] VBFtige (volume de la tige jusqu'à la découpe dite « bois fort ») : volume de bois contenu dans la tige principale, c'est-à-dire depuis le niveau du sol jusqu'à une découpe de 7 cm de diamètre en haut de l'arbre.

[3] VAT : volume aérien total (tige + branches + brindilles).

On arrive ainsi à des coefficients intégrés permettant la conversion du volume bois fort tige IFN en masse de carbone ou de CO_2. Les valeurs centrales sont pour les résineux de 1,18 et pour les feuillus de 1,91 tCO_2/m^3 de volume bois fort tige IFN en France (ligne 8). La gamme d'incertitude que nous retenons, autour de ces valeurs centrales, est ± 20-25 % pour les résineux et de ± 15-20 % pour les feuillus. Si nous considérons maintenant le seul coefficient d'expansion pour les branches, il est estimé à 1,30 pour les résineux et à 1,56 pour les feuillus avec une gamme d'incertitude de ± 4 % (ligne 4).

Bien que les coefficients d'expansion branches permettant d'estimer le volume aérien total à partir du volume de la tige soient élevés (ce qui a soulevé depuis 2004 des interrogations récurrentes sur une possible surestimation, en particulier pour les feuillus), la méthode d'estimation des volumes qui conduit à ces valeurs a été testée favorablement sur l'ensemble des taillis sous futaie par Dupouey *et al.* (2010), puis pour le hêtre, dans le cadre du projet ANR Emerge (Colin, 2014). Ces coefficients sont également cohérents avec l'analyse très complète rapportée dans Longuetaud *et al.* (2013). L'effort de recherche consenti par notre pays depuis dix ans permet donc de renforcer la confiance dans l'estimation du volume aérien des arbres forestiers, notamment feuillus, levant ainsi un verrou bien identifié pour la mobilisation de la ressource.

La méthode de calcul de la biomasse repose actuellement sur des valeurs moyennes d'infradensité du bois par essence issues d'une méta-analyse internationale. Afin de réduire l'incertitude de ce terme et de fiabiliser les estimations des stocks de carbone, le projet de recherche appliquée XyloDensMap mesure depuis 2016 la densité du bois de tous les arbres inventoriés par l'IGN (quelles que soient les conditions pédoclimatiques, en essence, en âge, en modalités de gestion forestière). Ce projet piloté par INRAE permettra à relativement court terme de disposer de données de biomasse parfaitement cohérentes, et aussi précises que les données de volume, c'est-à-dire offrant une haute représentativité nationale et régionale et leurs variations.

▮ Stockage de carbone dans le bois mort

L'IGN réalise, depuis plusieurs années et dans le cadre de son protocole de mesures standard sur chaque placette, un relevé du bois mort (en séparant le bois mort sur pied et au sol). Les informations récoltées peuvent être utilisées dans un système de projection, si l'on sait simultanément estimer les entrées de bois mort (mortalité annuelle, rémanents d'exploitation provoqués par les coupes) et les sorties (décomposition du bois mort). La recherche bibliographique a été orientée afin de pouvoir renseigner la vitesse de décomposition annuelle du bois mort.

Les compartiments de bois mort ont été différenciés et leurs stocks initiaux ont été évalués (tableau 1.2). Dans les mesures IGN, seul est estimé le bois mort se décomposant en forêt. Les chablis ne présentant plus aucune trace de vie sont inclus dans l'estimation du bois mort au sol. Les autres chablis sont considérés comme des arbres restant vivants et ne sont donc pas comptabilisés ici.

Tableau 1.2. Stocks initiaux de bois mort pris en compte dans le calcul du bilan carbone de la filière sur la période 2010-2015, en MtCO$_2$eq (source IGN).

Compartiments de bois mort	Stock de bois mort (MtCO$_2$eq)		
	Au sol	Sur pied	Total
‹ 7 cm	63,3		63,3
Gros bois feuillus	103,5	78,4	181,9
Gros bois résineux	63,7	34,5	98,2
Total	230,5	112,9	343,4

Pour l'évaluation du compartiment bois mort, nous avons supposé que les entrées étaient constituées par le volume total aérien des arbres au moment de leur mort (les chutes de branches en cours de vie et les apports de souches étant considérés comme entrées directes dans le système-sol), et que la vitesse de déstockage du carbone dans le bois mort suivait une dynamique exponentielle, avec un paramètre de disparition exprimé sous forme d'une demi-vie. Ici, les demi-vies ont été fixées respectivement à 30 ans pour les gros bois morts feuillus, à 10 ans pour les gros bois morts résineux, et à 5 ans pour le bois mort issu des menus bois (branches ‹ 7 cm de diamètre). Ce qui signifie qu'en moyenne, sur toutes les forêts françaises de métropole, la moitié du carbone stocké dans une pièce de bois mort abandonnée en forêt y est encore présente après 30, 10 ou 5 ans selon la catégorie de bois mort que nous avons considérée. Le choix d'une demi-vie longue réduit le coefficient de sortie annuelle (ici, la vitesse de dégradation) et augmente le stock moyen. Le stockage annuel dans le compartiment bois mort dépend donc fortement de la durée de demi-vie ; les valeurs que nous avons choisies sont cohérentes avec les résultats de la méta-analyse de Zell *et al.* (2009).

▌ Stockage de carbone dans les sols forestiers

La mise en place de l'initiative internationale dite « 4 pour 1 000, les sols pour la sécurité alimentaire et le climat », dont l'objectif est d'augmenter chaque année le stockage de carbone dans tous les sols du monde (Paustian *et al.*, 2016), montre que la question du stockage de carbone dans les sols est devenue cruciale. Or, la plupart des évaluations du stockage de carbone par la forêt ne prennent pas en compte les sols forestiers, car les données disponibles restent peu robustes. Dans la mesure du possible, nous avons tenté de les intégrer dans l'estimation du bilan carbone de la filière. Nous nous sommes appuyés sur un état des connaissances internationales sur la question, prenant en compte la distribution du carbone dans les sols forestiers en lien avec leur structure, la dynamique du carbone dans ces sols sous l'influence notamment des microorganismes et l'impact des changements globaux et des pratiques de gestion sur l'évolution de ces stocks de carbone. Parallèlement, nous avons pris en compte les données concernant les valeurs moyennes de stockage de carbone dans les sols forestiers obtenues sur le réseau français Renecofor (composante française de l'observatoire européen ICP Forest, Level II[7]), qui indiquent une augmentation du carbone des sols entre les deux campagnes d'observation espacées de quinze ans.

On peut alors estimer que le stock initial de carbone dans les sols forestiers jusqu'à 1 m de profondeur, correspondant aux dernières estimations disponibles, était de 344 tCO$_2$eq/ha, soit un stock global de 5 520 MtCO$_2$eq. Sur cette base, on considère que les sols forestiers français se comportent en moyenne comme des puits de carbone, en lien avec les usages anciens agricoles, pastoraux, ou forestiers dont ils conservent les marques (Dupouey *et al.*, 2002). La vitesse de stockage observée au cours des quinze dernières années dans le réseau Renecofor est de 0,19 tC/ha/an sous feuillus et de 0,49 tC/ha/an sous résineux, soit 0,73 tCO$_2$eq/ha/an sous feuillus et 1,80 tCO$_2$eq/ha/an sous résineux (Jonard *et al.*, 2017).

En extrapolant les valeurs observées dans le réseau Renecofor à l'ensemble des forêts françaises de production, selon leur répartition par groupes d'essences (feuillus, résineux, mixte), on obtient une estimation du stockage dans les sols forestiers de 15 MtCO$_2$eq/an pour l'ensemble du territoire français métropolitain.

Il faut insister sur le fait que le réseau Renecofor n'a pas été conçu pour être représentatif des forêts françaises dans leur ensemble. Il s'agit d'une collection de 102 peuplements sélectionnés en forêt publique (domaniale ou communale), présentant des faciès sylvicoles moyens (parmi la gamme de ce qu'on peut trouver en forêt) et ce, pour 11 essences principales. Ils se distinguent *a priori* de la « forêt française moyenne » par plusieurs caractéristiques (propriété, historique d'usage du sol et de gestion sylvicole, composition spécifique, etc.). On considère alors comme valeur moyenne nationale un peu moins de la moitié de celle qui est extrapolée à partir des observations sur Renecofor, soit 7,25 MtCO$_2$eq/an, et celle-ci est supposée diminuer dans le futur – dynamique bornée et convergeant exponentiellement, impact du réchauffement et de la gestion sur la vitesse des processus, impacts des changements d'usages passés (augmentation de la surface forestière) et actuels (changement des essences) – jusqu'à 6 MtCO$_2$eq/an au-delà de 2030.

Ces deux valeurs de stockage dans les sols, retenues ici par approximation, ne représentent qu'imparfaitement le stockage moyen sur la France entière et ne peuvent être utilisées à des fins régionalisées. Pour une estimation du stockage de carbone dans les sols à l'horizon 2050, il serait nécessaire d'attribuer au sol une dynamique plus soigneusement modélisée, comportant explicitement des interactions avec le climat et les changements de pratiques de gestion, et donc de bien différencier entre elles les stratégies de gestion envisagées à l'horizon 2050. Des travaux de recherche restent donc nécessaires :

---

7. ICP Forest Level II est un réseau de dispositifs de suivi intensif des écosystèmes forestiers basés sur une population de placettes permanentes distribuées dans les principaux écosystèmes forestiers présents en Europe. Il vise à détecter les changements de fonctionnement des écosystèmes forestiers et les impacts du dérèglement climatique, et à mieux comprendre les raisons et les conséquences de ces changements, en particulier sur l'alimentation, la résistance des arbres, la fertilité des sols, ou encore, comme plus récemment, sur la biodiversité.

• pour une meilleure compréhension des processus conduisant au stockage de carbone dans les sols forestiers ;

• pour évaluer la capacité supplémentaire de stockage dans les sols forestiers en fonction du type de sol, de l'ancienneté de l'état boisé, du contexte (aire climatique, pollution atmosphérique) et du type de gestion sylvicole (combinaison des jeux de données du Réseau de mesure de la qualité des sols[8] avec la cartographie des forêts nouvelles et anciennes à l'échelle de la France) ;

• et, enfin, pour élaborer un modèle d'évolution des stocks de carbone dans les sols applicable à l'échelle nationale.

Les différentes hypothèses et les coefficients pris en compte pour estimer le stockage de carbone dans l'écosystème forestier français sont résumés dans le tableau 1.3.

Tableau 1.3. Coefficients et hypothèses de calcul pour l'estimation du stockage actuel de carbone dans l'écosystème forestier.

	Variables et coefficients		Sources
Biomasse forestière	Variables : production biologique brute, récolte, pertes d'exploitation, mortalité	–	Source IGN
Bois mort	Taux de décomposition annuel (bois feuillus)	2,3 % (30 ans)[1]	Zell *et al.* (2009)
	Taux de décomposition annuel (bois résineux)	6,9 % (10 ans)[1]	
	Taux de décomposition annuel (pertes d'exploitation)	13,9 % (5 ans)[1]	
	Stocks initiaux	Feuillus 181,9 $MtCO_2$eq	Source IGN
		Résineux 98,1 $MtCO_2$eq	
		Pertes (‹ 7 cm) 63,3 $MtCO_2$eq	
Sols	Stockage annuel (feuillus)	7,25 $MtCO_2$eq/ an jusqu'en 2030, puis 6 $MtCO_2$eq/an	Roux *et al.* (2017), annexe 3 Revue de littérature internationale et réseau Renecofor
	Stockage annuel (résineux)		
	Stock initial	5 520 $MtCO_2$	Réseau Renecofor

[1] Demi-vies associées.

---

8. Le Réseau de mesures de la qualité des sols (RMQS) est un outil de surveillance des sols à long terme. Il repose sur le suivi de 2 240 sites répartis uniformément sur le territoire français (métropole et outre-mer), selon une maille carrée de 16 km de côté. Des prélèvements d'échantillons de sols, des mesures et des observations sont effectués tous les quinze ans. La seconde vague de ce suivi est actuellement en cours.

Évaluation du stockage de carbone dans les produits bois ou à base de bois

L'USAGE DU BOIS ET LA DURÉE DE VIE DES PRODUITS PÉRENNES qui en sont issus constituent les variables clés du stockage du carbone dans les produits bois. La littérature internationale consultée sur l'estimation des stocks de carbone dans les produits bois a permis de faire un point sur les durées de demi-vie de ces stocks de carbone, ainsi que sur leur dynamique d'évolution dans la filière, en contributions absolues et relatives, et en distinguant éventuellement des sous-filières jugées pertinentes (voir à ce propos Roux *et al.*, 2017, annexe 4).

Afin d'estimer le stockage annuel de carbone dans les produits bois, deux systèmes dynamiques indépendants ont été considérés, sans échange avec l'extérieur du territoire métropolitain : l'un pour le bois d'industrie, l'autre pour le bois d'œuvre. Ces deux systèmes sont alimentés chaque année par les prélèvements de produits et se vident selon une loi exponentielle telle que la durée de demi-vie des produits, soit de 20 ans pour le bois d'œuvre et de 5 ans pour le bois d'industrie. Ces systèmes ont été en outre supposés à l'équilibre au début de la période d'évaluation, c'est-à-dire que les entrées de produits sont considérées comme compensant très exactement les sorties et que le stockage annuel est nul la première année de la période étudiée.

La combinaison des hypothèses rassemblées dans le tableau 1.4 conduit à estimer les stocks actuels (2016) à 300 et 80 MtCO$_2$eq respectivement pour le bois d'œuvre et le bois d'industrie. À titre de comparaison, l'étude Carbostock réalisée par le FCBA sur des données 2005 estimait le stock de produits bois à 313 MtCO$_2$eq (FCBA, 2008).

Tableau 1.4. Coefficients et hypothèses de calcul pour l'estimation du stockage de carbone actuel dans les produits bois.

Variables et coefficients		Sources
Disponibilités/récolte en bois d'œuvre, bois d'industrie et bois-énergie		Volumes issus de l'outil de modélisation Margot de l'IGN (période 2015-2050)
Ventilation par usage entre bois d'œuvre, bois d'industrie et bois-énergie		Ventilation par types d'usages issue des données de l'outil de modélisation FFSM
Taux de décomposition annuel de bois d'œuvre	3,4 % (20 ans)[1]	Madignier *et al.*, 2014 Dires d'experts
Stock initial 2016 de bois d'œuvre	300 MtCO$_2$eq	Source IGN
Taux de décomposition annuel de bois d'industrie	13,9 % (5 ans)[1]	Madignier *et al.*, 2014 Dires d'experts
Stock initial 2016 de bois d'industrie	80 MtCO$_2$eq	Source IGN

[1] Demi-vies associées.

Estimation des émissions de gaz à effet de serre évitées par effet de substitution

LES EFFETS DE SUBSTITUTION RÉSULTENT DE L'USAGE DU BOIS en remplacement d'énergies ou de matériaux concurrents, potentiellement plus émetteurs de gaz à effet de serre et présentant donc des bilans carbone moins favorables. Pour les évaluer, il y a donc lieu de procéder à des évaluations d'émissions de gaz à effet de serre résultant de la transformation du bois en ses différents et multiples produits et de comparer les résultats de ces évaluations aux bilans d'émissions de gaz à effet de serre auxquels aboutirait le recours à des produits substituts pour chaque produit bois (par exemple, poutres en béton *versus* poutres en bois). Par construction, et bien qu'ils soient centraux pour comprendre le rôle de la forêt et de ses produits dans l'atténuation du changement climatique, ces effets de substitution ne sont pas attribués à la forêt dans l'approche de rapportage retenue pour les bilans d'émissions par secteurs d'activité de la Convention-cadre des Nations unies sur les changements climatiques.

L'évaluation de ces effets de substitution est particulièrement délicate à réaliser et donc à manipuler. La première difficulté provient de la multiplicité des produits bois concernés et des produits substituables à chacun des produits bois. Toute approche synthétique, comme celle à laquelle nous aurons recours tout au long de cette étude, a tendance à réduire, le plus souvent à sa plus simple expression, le nombre de produits bois et substituts réellement considérés, et utilise des coefficients de substitution identiques pour tout produit appartenant à quelques grandes catégories de produits (par exemple, bois-énergie, bois d'industrie et bois d'œuvre), perdant ainsi toute la finesse des évaluations produit par produit. En outre, ces évaluations s'appuient, tant pour les produits bois que pour leurs substituts, sur des démarches d'analyse de cycle de vie, qui visent à déterminer les impacts environnementaux de tout produit ou usage en les suivant de leur origine jusqu'à la fin de vie du produit ou du service rendu. L'estimation des effets de substitution à partir de ces démarches suppose donc, pour chaque produit bois, de comparer sa filière de production à des filières complètes de production, au périmètre strictement identique. Les coefficients de substitution dépendent ainsi du contexte industriel national et des options d'usage du bois pratiquées et sont susceptibles d'évoluer dans le temps selon la stratégie des entreprises (amélioration des procédés et des bassins d'approvisionnement), les habitudes de consommation et les modifications qui pourraient intervenir dans les usages finaux des produits bois.

On peut distinguer deux grands types de substitution :
- **la substitution-énergie,** qui correspond à la quantité d'émissions de CO_2 économisée par l'usage de bois-énergie en remplacement d'énergies fossiles de référence telles que fuel, gaz, charbon, mix électrique ou énergétique national (Oliver *et al.*, 2014) ;
- **la substitution-matériau,** qui correspond à la quantité d'émissions de CO_2 évitées par le recours à un produit bois plutôt qu'à un autre produit de référence (béton, acier, plâtre, aluminium, etc.). Cet usage du bois, en alternative à des filières et à des matériaux concurrents, permet d'éviter d'importantes émissions de CO_2 (Eriksson *et al.*, 2012).

L'analyse des connaissances scientifiques disponibles a permis de préciser les méthodologies utilisées dans différents pays pour l'estimation des coefficients de substitution : méthodes employées, hypothèses de calcul, valeurs obtenues (on pourra pour plus de détails se reporter à Roux *et al.*, 2017, annexe 4). Le choix des coefficients de substitution applicables au contexte national français a tenu compte de la nature des produits utilisés en France et de l'efficacité des procédés de transformation mis en évidence dans cet état de l'art.

▌ Substitution bois-énergie

Un premier usage du bois qui se substitue à d'autres produits est de le brûler en remplacement des énergies fossiles. Pour l'estimation des coefficients de substitution-énergie, on s'est appuyé sur le travail d'Oliver *et al.* (2014), qui évalue les émissions évitées par la combustion du bois en substitution du gaz, du fuel et du charbon. En France, on peut considérer que ce serait essentiellement du bois de feuillus qui serait consommé dans des maisons individuelles ou des chaufferies collectives déjà pourvues de chaudière et qu'il remplacerait du fuel à 80 % et du gaz à 20 % (pas d'électricité remplacée). Sous cette hypothèse, on peut appliquer un mix fuel-gaz à 80-20 % selon trois niveaux d'infradensité retenus pour les bois feuillus. Exprimé en tCO_2/m^3, le coefficient de substitution-énergie varie donc entre 0,37 et 0,64, avec une valeur centrale à 0,5 (tableau 1.5).

Tableau 1.5. Coefficients et hypothèses de calcul pour l'estimation des effets de substitution bois-matériaux et bois-énergie.

Variables et coefficients		Sources
Disponibilités/récolte en bois d'œuvre, bois d'industrie et bois-énergie		Volumes issus de l'outil de modélisation Margot de l'IGN (période 2015-2050)
Ventilation par usage entre bois d'œuvre, bois d'industrie et bois-énergie		Ventilation par type d'usages issue des données de l'outil de modélisation FFSM
Coefficient de substitution bois d'œuvre et bois d'industrie	$1,6\ tCO_2/m^3$ Gamme de variation : 0,59-3,47	Sathre et O'Connor, 2010b
Coefficient de substitution bois-énergie	$0,5\ tCO_2/m^3$ Gamme de variation : 0,37-0,64	Oliver *et al.*, 2014
Rendements de transformation de bois d'œuvre, bois d'industrie et bois-énergie		Dire d'experts (bilan carbone actuel) Données issues de l'outil de modélisation FFSM (bilan carbone sur la période 2015-2050)

▌ Substitution bois-matériaux

L'identification, dans la littérature internationale, des coefficients de substitution-matériau pertinents dans le contexte français a été réalisée à partir de la méta-analyse de Sathre et O'Connor (2010a et 2010b), en ne retenant que 28 des 36 études qui y sont considérées. Ainsi, 6 études comparant la construction bois à la construction métallique et 2 études proposant des valeurs anormalement élevées ont été écartées. En revanche, nous avons conservé les valeurs des études qui comparent des fabrications d'utilités en bois plutôt qu'en métal, comme les pylônes de lignes électriques.

Les coefficients de substitution moyens tirés de l'étude de Sathre et O'Connor (2010b) et exprimés en tC/m^3 ont été convertis en tCO$_2$/m^3 de produit en considérant trois niveaux d'infradensité et trois niveaux de teneur en carbone dans les bois, tous issus de la littérature. Comme le secteur de la construction utilise massivement des résineux, nous avons considéré la gamme d'infradensité correspondante issue de l'état de l'art international, soit 0,36 à 0,44 t/m^3. Exprimé en tCO$_2$/m^3 de produit, le coefficient de substitution-matériau varie donc entre 0,59 et 3,47, avec une valeur centrale à 1,6 (tableau 1.5). La plage de variation du coefficient de substitution bois-matériaux est ainsi très conséquente, signalant une marge d'erreur ou d'incertitude marquée quant à la valeur ou aux valeurs qui pourraient leur être attribuées. Comme on a pu le noter plus haut, cette variabilité s'explique par :
• les incertitudes de mesure inhérentes aux méthodes d'analyse retenues dans ce type d'approche ;
• la diversité des produits bois susceptibles d'être consommés ;
• les performances différenciées des technologies de production mises en œuvre par rapport aux matériaux concurrents.

À ces trois sources d'incertitude sur les valeurs des coefficients de substitution à utiliser dans les conditions actuelles de production et de consommation viendront s'ajouter, quand on cherchera à projeter dans le futur les bilans carbone de la filière, de fortes incertitudes d'un autre ordre liées aux évolutions possibles des produits susceptibles d'être consommés et aux évolutions des technologies qui seront alors mises en œuvre pour obtenir produits bois et produits substituts.

Il est important de noter que, dans ce travail, les émissions évitées par l'usage du bois reposent, d'une part, sur la meilleure performance carbone associée à la mise en œuvre du bois (par comparaison avec ses concurrents) et, d'autre part, sur le fait que les coproduits (ainsi que les produits en fin de vie, dans certains cas) sont valorisés en énergie. Il s'ensuit que les coefficients de Sathre et O'Connor combinent, sous l'appellation de « substitution-matériau », des bénéfices de substitution que d'autres études répartiraient entre matériau d'un côté, et énergie de l'autre. On n'a pas cherché ici à faire une telle séparation, pour deux raisons : d'une part, les 36 études compilées et analysées par Sathre et O'Connor sont hétérogènes et inégalement exhaustives dans leur délimitation des processus industriels pris en compte (une subdivision du jeu de données, en deçà d'un effectif de 30, augmenterait encore l'incertitude sur les résultats) ; d'autre part, sur le plan des applications, il existe des différences, qui font débat, entre la ressource en bois-énergie, qu'on mobilise à partir des coproduits et des bois en fin de vie, et la biomasse fraîche, qu'on valorise directement en énergie à la sortie de la forêt. Découlant de ce choix, la quantité de bois-énergie issue des coproduits a été ajoutée à la biomasse directement issue de la forêt pour estimer la fourniture d'énergie, mais seule la seconde a été utilisée comme base pour calculer les émissions évitées par substitution-énergie (afin d'éviter un double compte). Une conséquence est que la contribution relative des effets de substitution-matériau *versus* énergie est plus nettement à l'avantage des premiers dans notre étude que dans d'autres travaux ayant adopté d'autres conventions comptables. Ce postulat comptable permet de mettre en avant la plus-value qu'offrent les produits et coproduits issus de la récolte de bois d'œuvre dans l'effet de substitution. Notre choix se défend, en particulier si l'on tient compte du caractère contraint d'une grande partie des ressources en bois-énergie (la disponibilité des pellets découle directement de l'activité des scieries, la disponibilité en bois-bûche des houppiers feuillus suppose un marché solvable pour la grume, etc.).

2. Bilan carbone actuel de l'ensemble de la filière forêt-bois française

Un bilan carbone déjà important

EN S'APPUYANT SUR LES COEFFICIENTS ET LES HYPOTHÈSES identifiés précédemment, on peut établir le bilan carbone de la filière forêt-bois française dans son état actuel et la répartition de chacun des quatre leviers forestiers pouvant agir sur l'atténuation des émissions de CO_2. Le rapprochement des calculs qui suivent avec les résultats de la comptabilité nationale réalisée par le centre technique de référence en matière de pollution atmosphérique et de changement climatique (Citepa) est délicat, dans la mesure où les conventions comptables diffèrent. Au-delà des valeurs absolues, ce qui nous intéresse le plus est de mettre en relief les ordres de grandeur des différentes contributions au bilan carbone, ainsi que leurs modifications possibles selon les différents scénarios de gestion/mobilisation.

La figure 2.1 présente les flux de matière de la filière forêt-bois française entre les différents stades de la filière (en Mm³/an) et les flux annuels de CO_2 relatifs aux leviers identifiés dans l'étude (en $MtCO_2$eq/an). Elle s'appuie sur les coefficients de stockage et de substitution et sur les hypothèses présentées dans le chapitre 1 avec les valeurs centrales des plages de variation des coefficients (tableaux 1.1 à 1.5).

Le stockage dans l'écosystème forestier (« puits » forestier total) et dans les produits bois[9], et les effets de substitution par les filières aval (substitution totale) ont ainsi été estimés. Sous cet ensemble d'hypothèses, le bilan carbone de la filière forêt-bois française peut être évalué en sommant les effets de stockage annuel de carbone dans l'écosystème forestier et dans les produits bois, et les équivalents CO_2 des émissions de gaz à effet de serre évitées par effets de substitution (matériau et énergie), à environ 130 $MtCO_2$eq/an.

Du fait de l'écart important entre accroissement et prélèvement, ce bilan est actuellement dominé par le stockage annuel de carbone dans l'écosystème forestier, constituant un puits forestier national de carbone massif estimé à 88 $MtCO_2$eq/an. Dans cet ensemble, le stockage de carbone dans la biomasse aérienne feuillue est largement prépondérant (56 $MtCO_2$eq/an), alors que celui dans la biomasse aérienne résineuse (14 $MtCO_2$eq/an) est en ordre de grandeur proche des stockages dans le bois mort et les sols (respectivement

---

9. Stockage dans les produits bois absent de la figure 2.1, car supposé être actuellement égal à zéro.

10 et 7 $MtCO_2$eq/an). Bien que ce ne soit pas mesurable, il convient de garder à l'esprit que toutes ces valeurs possèdent une incertitude liée à la précision des données IFN utilisées en entrée, aux modèles mis en œuvre et à la variabilité des coefficients de conversion, notamment pour passer des volumes aux biomasses. Le bilan de CO_2 dans la biomasse forestière est également sensible à la méthode de calcul qui compare, pour une année donnée, la production biologique et les prélèvements de bois, alors que sur un pas de temps annuel ces deux termes ne sont pas pilotés par les mêmes dynamiques. Dans l'inventaire du Citepa, la variabilité interannuelle du bilan de CO_2 de la biomasse est comprise entre 5 et 15 %.

L'estimation du stockage actuel de carbone dans le bois mort souffre également d'une incertitude importante, non quantifiable. En effet, la variation du stock de bois mort en forêt mesurée au cours des dix dernières années ne montre pas une tendance de stockage aussi forte. Il conviendrait de tenir compte de manière combinée des conditions stationnelles et du type de bois mort pour estimer le degré de décomposition des pièces de bois mort.

Si des travaux visent actuellement à quantifier l'incertitude et à la réduire, les tendances restent valides, car elles sont observées sur de longues séries temporelles.

Figure 2.1. Flux de matière et de CO_2 aux différents stades de la filière forêt-bois française en 2013.

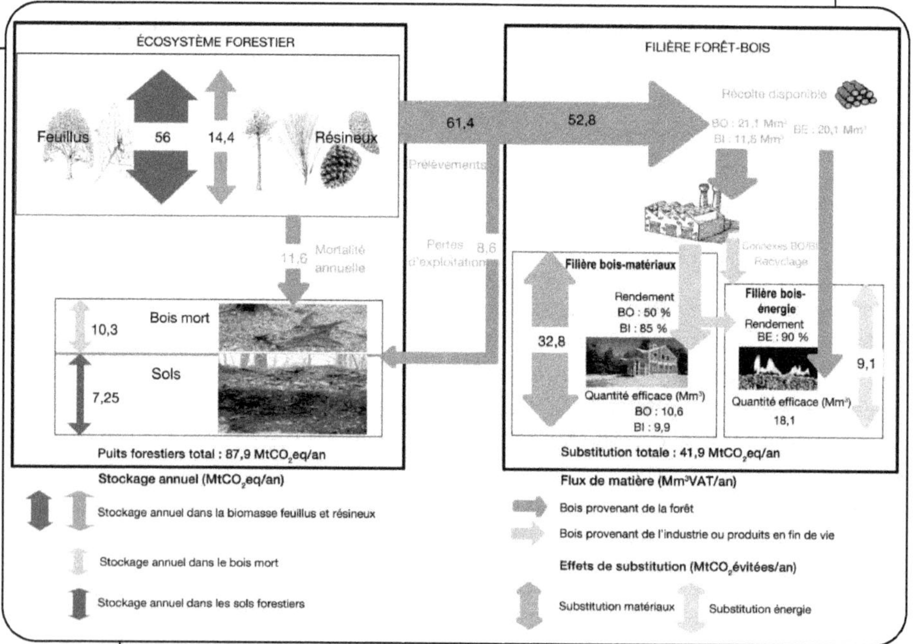

Les valeurs présentées sur cette figure ont été établies en 2015 et correspondent à l'état des connaissances à cette date.
VAT : volume aérien total ; BO : bois d'œuvre, BI : bois d'industrie, BE : bois-énergie.

La quantité de carbone dans les produits bois est aujourd'hui supposée égale à zéro, signifiant que le carbone stocké dans les productions de l'année correspond au déstockage de carbone lié à la fin de vie et à la destruction des produits bois antérieurs. Ainsi, l'effet favorable actuel des usages du bois dans la filière repose uniquement sur les effets de substitution et, parmi eux, la substitution bois-matériaux qui, avec 33 $MtCO_2$eq/an et même en tenant compte de la grande plage de variabilité du coefficient de substitution, apparaît comme un important levier d'atténuation du changement climatique en permettant d'éviter les émissions de gaz à effet de serre issues des produits concurrents.

La substitution liée au bois utilisé directement comme énergie en dépit des importants volumes mobilisés (20 Mm³/an, soit 40 % de la récolte) n'est finalement aujourd'hui responsable que d'un faible apport au bilan carbone de la forêt française, soit 9 $MtCO_2$eq/an. Cette faible valeur est en partie due à l'hypothèse faite de comptabiliser avec le bois-matériaux les effets de substitution des usages énergétiques générés par la combustion des produits bois en fin de vie.

Outre les hypothèses et les coefficients commentés au chapitre 1, deux conventions importantes ont été nécessaires pour établir le bilan exposé à la figure 2.1. La première concerne les usages en bois d'œuvre et en bois d'industrie alimentés depuis la forêt, avec un rendement respectivement estimé ici à 50 % et à 85 %[10]. Ces coefficients n'incluent pas les pertes d'exploitation, qui font l'objet d'une estimation directe avec un taux important (14 % du volume prélevé) recouvrant l'ensemble des débris, les mortalités induites et la fraction de la ressource perdue en forêt. En revanche, les rendements incluent les pertes de matière le long de la chaîne de transport et de transformation, ainsi que l'allocation d'une partie du bois d'industrie à la papeterie. Dans la seconde convention, le commerce extérieur est considéré comme neutre sur le plan du bilan carbone : le volume des grumes récoltées et exportées n'est pas déduit du bilan, et les produits forestiers importés entrant dans la seconde transformation n'y sont pas plus incorporés, le solde des émissions associées à ces deux flux étant supposé relativement faible. Ces deux conventions mériteraient bien sûr d'être mises à l'épreuve. Une telle étude de sensibilité prendrait tout son sens dans le cadre d'une modélisation exhaustive des flux et des stocks dans les différentes voies de transformation de la filière, pour laquelle, nous le verrons par la suite, les outils font pour l'instant défaut.

Facteurs d'évolution du bilan carbone : gestion forestière, climat et risques

■ Impacts sur les dynamiques forestières et les usages du bois

Si on considère les rôles respectifs des différents leviers dans le bilan carbone actuel de la filière forêt-bois française, il est évident que les orientations à venir de sa gestion auront une influence directe sur ce bilan carbone, avec des effets, d'une part, sur la dynamique

---

10. Des révisions de ces valeurs sont en cours, dans l'objectif de mieux distinguer les types de produits bois.

des peuplements et leur capacité à stocker ou à relarguer du carbone et, d'autre part, sur la capacité de la filière à mettre en marché des produits bois à fort taux de substitution par rapport aux filières concurrentes plus émettrices de gaz à effet de serre. Le maintien des niveaux actuels de récolte dans un contexte de croissance du stock sur pied permettrait d'accroître le stockage de carbone en forêt – au moins tant que ces peuplements, plutôt jeunes, seraient en croissance forte –, mais limiterait d'autant les effets de substitution qui auraient pu être attendus avec le développement des usages. Cette stratégie de limitation des prélèvements pourrait cependant se traduire par une plus grande sensibilité aux aléas climatiques et aux crises diverses que pourrait subir la forêt française. Inversement, une récolte plus soutenue associée à une transformation adéquate des peuplements permettant d'en accroître la productivité freinerait, au moins temporairement, la progression du stock de carbone en forêt, mais favoriserait les effets de substitution en aval, et ce d'autant plus si le bois est utilisé en tant que matériau.

Les différentes orientations de gestion ont également des conséquences contrastées quant à la démographie des peuplements : les taux de mortalité, le recrutement et la croissance réagissent à l'intensité des phénomènes de compétition. En outre, l'évolution de la composition en espèces et la performance des nouvelles populations et variétés installées impacteront la force du puits de carbone. C'est à l'horizon 2050 que la variation des coefficients démographiques aura en principe le plus d'impact, alors que les modalités du renouvellement joueront plus fortement au-delà de cet horizon somme toute rapproché, et ce pendant les décennies suivantes (adaptabilité des ressources génétiques, capacité des peuplements en place à fournir les performances sous contrainte climatique croissante, etc.).

Si les options de gestion forestière peuvent avoir des effets centraux sur le bilan carbone de la forêt française, plusieurs facteurs de perturbation essentiels, évolution du climat moyen ou événements extrêmes, pourraient dégrader fortement le stockage de carbone dans l'écosystème forestier et modifier drastiquement le bilan carbone de la filière. Ainsi, contrairement à nombre de travaux menés jusqu'à maintenant, on tentera ici de prendre en compte les conséquences du changement climatique sur les peuplements forestiers et sur leur évolution dans le bilan carbone de la filière au cours des décennies à venir. De la même façon, certains événements extrêmes (sécheresse, incendies, tempêtes) ou des crises comme des invasions biologiques sévères touchant tout ou partie des peuplements forestiers sont susceptibles de bouleverser gravement la force du puits forestier national. La fréquence et l'intensité de certains aléas biotiques et abiotiques pourraient en outre augmenter sous l'effet des dérèglements climatiques et aggraver en conséquence les dommages forestiers. C'est tout l'enjeu des scénarios envisagés ici en vue d'étudier les évolutions du bilan carbone de la filière à l'horizon 2050. Comme on le verra plus loin, ces scénarios s'articulent autour de l'évolution de la gestion forestière, de l'évolution du climat et des crises majeures.

▌ Impacts sur les coefficients et hypothèses de calcul

L'analyse du bilan carbone actuel montre que le stockage dans l'écosystème forestier, notamment dans la biomasse feuillue, et les effets de substitution-matériau sont les deux compartiments les plus contributeurs à ce bilan. Néanmoins, leur estimation à l'horizon 2050 est soumise à certaines limites et incertitudes dues aux outils mobilisés, mais aussi à l'évolution possible des coefficients et des hypothèses de calcul retenus plus haut, en fonction des options de gestion et de l'évolution du climat.

Les données sur la future ressource forestière française, telles que les stocks de bois sur pied, les disponibilités, les mortalités, sont estimées à partir du modèle de ressources Margot de l'IGN. Néanmoins, la forêt française métropolitaine est caractérisée par une grande diversité de peuplements et de contextes forestiers. Elle se trouve par ailleurs depuis plusieurs décennies dans une situation de « transition forestière » liée à la déprise agricole, entraînant une expansion forestière et une capitalisation fortes (IGN, 2013). Le changement climatique, lui aussi, en affectant les conditions environnementales, a un effet sur la croissance des arbres et sur l'occurrence d'événements extrêmes. Dans ce contexte varié et changeant, il est nécessaire de disposer de données IFN riches et nombreuses, et de modèles adaptés pour traduire la dynamique de forêts hétérogènes et dans un état non stationnaire afin de pouvoir simuler l'évolution de la ressource forestière française. L'horizon 2050 est manifestement trop éloigné pour qu'on puisse supposer la stationnarité des matrices de transition. Or, comme on le verra par la suite, une des principales limites du modèle Margot réside dans la difficulté à simuler correctement des évolutions affectant la ressource, qu'elles soient extrêmes et rapides, liées aux effets du climat ou de crises majeures, ou plus lentes, comme celles induites par une densification progressive des peuplements.

Compte tenu de l'importance relative des effets de substitution, notamment en bois-matériaux, le bilan carbone de la filière à l'horizon 2050 va dépendre, d'une part, de l'évolution de la gestion des industries de la filière forêt-bois (répartition des produits bois utilisés, rendement des différentes voies de transformation, taux de recyclage et devenir des produits en fin de vie) et, d'autre part, de la place relative que celles-ci vont occuper dans le système productif national et de leurs performances technologiques comparées aux industries concurrentes. Outre les effets de dilution (l'avantage comparatif devrait se réduire quand on passe de 5 à 25 % de part de marché), on peut imaginer des phénomènes de spécialisation induits par la rareté (réserver l'usage du béton, des métaux et du bois à des situations dans lesquelles ils maximisent leurs performances). On ne peut pas éluder l'impact, sur l'évaluation des performances relatives des différents matériaux, des caractéristiques des mix énergétiques et électriques nationaux. Ainsi, pour les coefficients de substitution-matériau, 11 des 36 articles compilés par Sathre et O'Connor (2010b) concernent la Suède, la Norvège, la Finlande et la Suisse, pays qui ont des mix énergétiques proches de celui de la France, tandis que les autres références concernent des pays très émetteurs de gaz à effet de serre comme les États-Unis. Les trajectoires de ces systèmes productifs d'ici à 2050 sont entachées d'aléas et d'incertitudes, comme le montre la difficulté de l'Allemagne à tenir son objectif 2020 (Beeker, 2017). Dans les simulations à l'horizon 2050 présentées dans la suite de cet ouvrage, on a supposé constants dans le temps les coefficients de substitution affectés tant au bois-matériaux qu'au bois-énergie. Cette hypothèse forte a été faite faute de pouvoir établir une projection comparant les filières basées sur le bois avec leurs concurrentes, ainsi que les mix électriques et énergétiques dans leur ensemble. Une telle opération relève de la prospective technologique, qui nécessite de recourir à de multiples hypothèses et à des scénarios spécifiques, démarche qui n'a pu être menée dans le cadre de cette étude. En effet, les coefficients de substitution seront amenés à évoluer simultanément sous l'effet de trois composantes : la composition des produits bois consommés dont les coefficients de substitution peuvent se différencier plus nettement que ce qui est retenu ici ; l'évolution des technologies de transformation du bois et de leurs caractéristiques énergétiques ; et l'évolution des technologies de production des produits concurrents et de leurs caractéristiques en matière d'émissions de gaz à effet de serre. Certains arguments suggèrent que les industries du béton ou des métaux pourraient chercher à verdir leurs procédés (par exemple, en substituant les énergies dans leurs procédés) ; *a contrario*, les nouvelles frontières de durabilité rencontrées par ces filières devraient renchérir leurs coûts énergétiques (disponibilité du sable, par exemple). On voit donc bien qu'il est particulièrement délicat d'ajuster à la hausse ou à la baisse les coefficients de substitution et qu'une analyse rigoureuse dans ce domaine devrait mettre à plat différentes options technologiques : capacité de réduction des émissions par innovation incrémentale ou radicale ou recours à des énergies plus renouvelables. Une telle démarche déboucherait forcément sur plusieurs scénarios d'évolution des coefficients de substitution argumentés sur des bases technologiques précises.

De même, une meilleure représentation de la structure des usages (bois-énergie, bois d'industrie, bois d'œuvre) et de la façon dont ces usages peuvent évoluer selon différents scénarios est aussi nécessaire, tant pour l'évaluation des effets de substitution que pour l'estimation du stockage dans les produits bois. En effet, on constate depuis une dizaine d'années des évolutions et des fluctuations fortes dans la manière dont les différentes industries transforment les catégories de bois (espèce × grosseur) : le ratio entre les usages énergie et bois d'œuvre pour le hêtre en Allemagne s'est ainsi très rapidement déplacé au profit de l'énergie ; à l'inverse, les nouveaux procédés de bois reconstitué permettent de valoriser en bois d'œuvre des billons de petit diamètre qui auraient été consommés comme bois d'industrie. Les conséquences de ces évolutions sur le stockage dans les produits bois et sur les effets de substitution seront discutées plus avant dans cet ouvrage. Ainsi, à l'horizon 2050, l'évolution de la ventilation des récoltes par usage (ventilation estimée actuellement à 38 % en bois-énergie, 28 % en bois d'industrie et 34 % en bois d'œuvre) gagnerait à découler d'une modélisation plus explicite, par exemple, d'un calcul optimal faisant correspondre offre et demande provenant de la filière et susceptible d'évoluer sur des horizons tels que 2050.

Conclusion de la partie I

Le **travail bibliographique et l'assemblage des informations** qui en résultent en un bilan carbone actuel de la filière forêt-bois française tel que présenté dans cette première partie ont confirmé le rôle joué par les écosystèmes forestiers et la valorisation des produits bois dans l'atténuation de l'effet de serre. Ils ont également permis d'affiner, d'une part, les hypothèses et les coefficients de stockage et de substitution applicables au contexte français et d'identifier, d'autre part, les sources d'incertitudes qui peuvent peser sur certains paramètres clés.

Avec 130 MtCO$_2$eq stockées ou évitées chaque année, la filière forêt-bois française est un acteur majeur de l'atténuation du changement climatique[11]. Pour la France, cette compensation correspond en effet à environ 28 % des émissions annuelles de gaz à effet de serre, ou encore à la totalité de celles émises par le secteur des transports (Citepa, données d'émissions 2018). Ce bilan est actuellement dominé par le stockage dans les écosystèmes forestiers, à hauteur, selon notre évaluation, de 88 MtCO$_2$eq/an. Le compartiment le plus sollicité pour le stockage est celui de la biomasse aérienne et souterraine des peuplements feuillus.

Le stockage annuel dans les produits bois est ici considéré comme nul, ce qui signifie qu'actuellement, la quantité de carbone stockée dans les productions de l'année est égale au déstockage lié à la fin de vie et à la destruction des produits bois antérieurs. L'effet favorable des usages du bois ne s'appuie donc que sur les effets de substitution, l'effet majeur revenant à la substitution bois-matériaux (32,8 MtCO$_2$eq/an selon notre évaluation), la substitution liée aux usages énergétiques ne contribuant que faiblement au bilan carbone de la filière.

Il faut néanmoins garder à l'esprit que toutes les valeurs du bilan carbone sont présentées avec une incertitude, souvent difficile à quantifier, liée à la précision des données d'inventaires, aux modèles et coefficients de conversion choisis, et à la variabilité interannuelle du climat et, *in fine*, du bilan de CO$_2$ dans la biomasse. L'évolution dans le temps de ce bilan carbone sera en outre dépendante d'autres variables. Concernant le stockage dans l'écosystème, on peut penser à la démographie des peuplements forestiers en lien avec l'évolution de la demande en produits bois de la société, aux choix des espèces et des variétés qui seront utilisées en repeuplements, à la multiplication des crises sanitaires ou climatiques, et bien entendu à l'adaptabilité des peuplements dans un environnement en évolution. Concernant les coefficients de substitution, les incertitudes proviendront davantage de facteurs comme la nature et les technologies de fabrication des produits bois et des produits concurrents.

Dans la suite de l'étude, ne pouvant prendre en considération les nombreux facteurs d'incertitudes, la prospective s'est centrée sur deux aspects qui pouvaient impacter significativement le devenir de la ressource et par conséquent sa contribution en matière de stockage de carbone :

---

11. L'activité forestière émet également des gaz à effet de serre, par exemple lors des opérations de gestion forestière, d'exploitation et de mobilisation des bois. Ces émissions restent limitées par rapport à la séquestration. Leur intégration plus explicite dans un calcul sur la contribution nette de l'activité forêt-bois au bilan carbone est actuellement en débat.

• la gestion forestière et les acteurs de la transformation du bois qui, chacun dans leur rôle, pourraient peser sur les leviers d'atténuation des émissions de CO_2 dans le puits forestier, les produits bois et les effets de substitution induits par l'usage des produits bois ;
• l'aggravation du changement climatique et de ses effets sur la dynamique forestière, sous forme de baisse de la production et de hausse de la mortalité, mais aussi sous forme de crises biotiques ou abiotiques, dont la fréquence et l'intensité pourraient augmenter, bouleversant ainsi les gains attendus d'un stockage du carbone dans l'écosystème forestier.

Bilans carbone et effets économiques de trois scénarios de gestion forestière à l'horizon 2050

LA DÉMARCHE D'ÉVALUATION DU BILAN CARBONE DE LA FILIÈRE FORÊT-BOIS FRANÇAISE que nous avons mise au point a été appliquée et adaptée à des projections à l'horizon 2050. Trois scénarios de gestion forestière ont été élaborés de façon à mettre en contraste les modes d'activation des différents leviers d'atténuation des émissions de CO_2 relatifs au puits forestier, au stockage de carbone dans les produits bois et aux effets de substitution induits par l'usage de ces mêmes produits bois. Aucun de ces scénarios de gestion n'a vocation à représenter explicitement des choix de politiques publiques ou de stratégies de filière (de type du programme national de la forêt et du bois, PNFB), même s'ils peuvent s'en rapprocher. Il s'agit, comme dans toute démarche prospective, de se donner les moyens d'explorer un champ des possibles le plus vaste possible, sans présupposé sur un ou des scénarios souhaités ou souhaitables pour telle ou telle partie prenante.

Après avoir présenté la logique générale des trois scénarios de gestion forestière retenus, et détaillé les éléments relatifs au plan de reboisement imaginé dans l'un d'entre eux, on restitue la vision que peuvent en avoir certains des acteurs de la filière à qui ils ont été soumis pour en examiner la crédibilité et en faire ressortir les freins et les leviers. On explicite ensuite la démarche de projection des différentes composantes de la filière visant à en établir le bilan carbone annuel et son évolution d'ici à 2050 pour chacun de ces trois scénarios. Celle-ci s'appuie sur le modèle de projection Margot développé par l'IGN et ne prend pas en compte les effets du changement climatique à venir, c'est-à-dire qu'elle raisonne en maintenant les conditions climatiques des dernières années sur toute la période 2016-2050. Cette analyse et la discussion des résultats obtenus sont complétées par une analyse des défis économiques à relever pour pouvoir les mettre en œuvre, analyse qui mobilise le modèle économique FFSM.

3. Trois scénarios de gestion forestière à l'horizon 2050

DANS LE BUT D'EXAMINER LES VARIATIONS POSSIBLES DES TERMES DU BILAN CARBONE de la filière jusqu'à des horizons aussi lointains que 2050, il est nécessaire de fixer les trajectoires de gestion et de mobilisation de la ressource. Les éléments pris en compte dans les réflexions préalables à l'élaboration de ces scénarios de gestion sont multiples. Ils portent sur la discordance offre/demande entre feuillus et résineux, sur les niveaux de prélèvement et la production de sciages, sur l'hétérogénéité géographique des taux de récolte, sur les modes de commercialisation (vente de bois sur pied *versus* par contrats d'approvisionnement bord de route ou rendus usine), sur le degré de mécanisation des coupes, sur l'impact des procédés de sciage sur la formation de la valeur, sur la progression des stocks de gros bois et très gros bois, sur la consommation de plants forestiers, sur la densité des populations de grands ongulés, etc.

Nous nous sommes en outre inspirés d'une étude réalisée en France pour dégager des perspectives de valorisation de la ressource feuillue (FCBA, 2011) et de la prospective européenne SCAR-4 sur le développement de la bioéconomie (Mathijs *et al.*, 2015). Nos trois scénarios de gestion (« Extensification et allégement des prélèvements », « Dynamiques territoriales », « Intensification et augmentation des prélèvements ») s'inscrivent dans le contexte général pris en compte par le rapport FCBA (2011) : modération de la croissance économique, changement démographique structurel (vieillissement), essor des objectifs environnementaux (dont les priorités peuvent varier entre recherche de naturalité, énergies renouvelables, prévention des dégâts), mondialisation des échanges, progrès de la valorisation énergétique des bois, abondance de la ressource feuillue. Toutefois, alors que l'étude FCBA n'avait retenu que deux scénarios (marginalisation de la forêt feuillue et filière feuillue dynamique et compétitive), on fait ici un choix analogue à la partition de la prospective SCAR en trois scénarios (A : modération ; B : abondance ; C : rareté).

Les moteurs qui différencient les trois scénarios de gestion imaginés ici sont, d'une part, la disposition des différents acteurs à investir en forêt et, d'autre part, le devenir industriel de la ressource feuillue française (voir tableau 3.1 pour une présentation synthétique des scénarios). La disposition à investir dépend elle-même des conditions économiques (prix/coûts en valeurs apparentes, y compris fiscalité, subventions, coût du travail, etc.), mais sans doute aussi de valeurs subjectives liées aux modes de représentation de la durabilité et de la multifonctionnalité. La valorisation de la ressource feuillue revêt de nombreux aspects technologiques, réglementaires, économiques, sociaux et sylvicoles ; elle aura un effet critique sur l'ensemble de la filière forêt-bois, compte tenu de l'affaiblissement actuel très prononcé des capacités de transformation nationales et de l'effet d'entraînement et de rupture qu'aurait un renversement de la tendance régressive des trente dernières années.

Tableau 3.1. Éléments de synthèse des scénarios de gestion et de mobilisation de la ressource.

Éléments de scénario	Extensification et allégement des prélèvements	Dynamiques territoriales	Intensification et augmentation des prélèvements
Mise en œuvre de la gestion forestière durable	Vastes espaces en libre évolution + sylviculture-proche de la nature	Prépondérance de la régénération naturelle, transformations après grandes crises, gibier très contraignant	Maîtrise du gibier, âges d'exploitabilité raccourcis, transformation des essences, plantations, amendements
Modes d'adaptation au changement climatique	Passif : on fait confiance aux capacités d'adaptation spontanée et au pilotage de la dynamique naturelle	Réactif/passif : décisions d'adaptation programmée après crises, ou bien on laisse faire (selon intensité de gestion régionale)	Proactif : programmation et gestion adaptative (diversification, transformations visibles et intentionnelles, recherche de résilience *via* systèmes de production)
Régulation de l'usage des terres	Légère extension des aires protégées	Contrats d'approvisionnement en forêts communales de l'Est et propriétaires forestiers du Massif central, adaptation de Natura 2000 au changement climatique	Gestion groupée, contractualisation, partenariats public-privé, adaptation de Natura 2000 au changement climatique
Variations entre régions	Sous-gestion Massif central, gestion minimale en haute montagne et en régions méditerranéennes	Fortes divergences dans les options et l'investissement ; la haute montagne et les régions méditerranéennes restent extensives	Remise en gestion partielle de tous les massifs montagneux, récoltes de bois-énergie et de bois d'industrie en secteur méditerranéen
Expansion de la surface forestière	Rythme modéré (40 000 ha/an), uniquement sous forme d'accrus spontanés	Rythme modéré (40 000 ha/an), quelques plantations localisées	Rythme modéré (40 000 ha/an), en plus d'une part de nouvelles plantations sur terres déjà forestières : + 50 000 ha/an pendant dix ans (voir plan de reboisement)
Niveau de récolte national	Maintien au niveau 2015 en valeur absolue (volume récolté, cumul national tous usages), soit ≈ 50 Mm³ VAT/an	Maintien des taux de coupes, ≈ 50 % de l'accroissement net (allant vers 70 Mm³ VAT/an en 2050)	Allant vers un accroissement des taux de coupes de 70 à 75 % de l'accroissement net, soit 90 Mm³ VAT/an en 2050
Allocation de la récolte entre usages	Déplacements d'usages : poursuite de la tendance au « grignotage » des gros diamètres par des débouchés bois-énergie	Hétérogène selon les options prises régionalement, allocation commandée par l'aval (bois d'industrie pénalisé/bois-énergie)	Nouveaux procédés pour valoriser les feuillus, extension des forêts spécialisées, contrats d'approvisionnement équilibrant l'offre entre bois d'œuvre, bois d'industrie et bois-énergie
Bois-énergie	Augmentation modérée *via* les importations (offre locale limitée)	Augmentation forte (réseaux de chaleur)	Augmentation très forte (chaleur + cogénération + biocarburants de 2ᵉ génération)

Tissu industriel national	Poursuite de l'affaiblissement du sciage feuillu, transformation nationale concentrée dans quelques sites industriels à longs rayons d'approvisionnement	Entreprises de tailles moyenne à grande, légère progression de la collecte des coopératives forestières, mais de manière inégale entre les territoires, alimentation progressive en bois-énergie et en bois d'industrie avec les surplus de récolte	Transition vers de nouvelles industries du feuillu Développement de 2-3 sous-filières nouvelles pour valoriser les ressources, transformation structurée autour de grands industriels et de PME, forte progression de la collecte des coopératives forestières
Commerce international	Exportation de grumes feuillues haut de gamme, importations (plaquettes, sciages, pâte, panneaux, meubles), déficit commercial très fort	Moins de grumes feuillues à l'export, fort déficit en sciages résineux, déficit commercial fort	Déficit commercial modéré pour compenser l'inadéquation offre/demande (feuillus/résineux) + meubles
Investissements forestiers	Renouvellement des dessertes existantes, travaux sylvicoles minimaux dans les zones productives ou à forts risques d'incendies	Dans certaines régions, extension de desserte, travaux sylvicoles, cloisonnement, protection contre le gibier	Développement des outils numériques, doublement de la desserte en montagne, mécanisation (feuillus + montagne), travaux sylvicoles, plantation, recyclage des cendres de chaufferie
Investissements de formation	Maintien du dispositif actuel de formation	Priorité plus forte à la commercialisation, aux travaux forestiers, à la mécanisation	Évolution approfondie : numérique, planification, logistique, travaux, commercialisation, mécanisation, intégration de l'amont-aval, optimisation de la chaîne de valeur
Puits de carbone : évolution attendue	Capitalisation rapide, approfondissement du stockage de carbone forestier (dans une 1re phase), puis évolution liée aux dégâts	Capitalisation modérée	Freinage du stockage de carbone forestier : celui-ci est inférieur à sa valeur 2015
Impact des plantations forestières	Quasiment imperceptible (sauf Aquitaine)	Modéré : Aquitaine, transformation des forêts publiques de plaine, quelques introductions à but expérimental dans la recherche de solutions pour l'adaptation au changement climatique	Fort : transformations proactives, diffusion des plantations à forte productivité (résineux, peuplier, eucalyptus), remise en production de forêts feuillues et résineuses en montagne
Impact attendu des dégâts forestiers	Mortalité de fond évoluant au gré du vieillissement des peuplements + bois mort et combustible + dépérissements dus à la mauvaise adaptation + accidents sanitaires (ex. : chalarose du frêne)	Mortalité de fond en hausse + dépérissements dus à la mauvaise adaptation + accidents sanitaires (ex. : chalarose du frêne)	Reconversion des peuplements dépérissants + accidents sanitaires liés à l'artificialisation des peuplements (ex. : maladie des bandes rouges du pin laricio) Atténuation des risques incendie et tempête

VAT : volume aérien total.

Un scénario d'« Extensification et allégement des prélèvements »

LA PRESSION SOCIALE pour une plus forte naturalité couplée à un contexte de signaux « prix » et « politique » peu incitatifs, aussi bien pour les industriels que pour les forestiers, encourage la poursuite d'une extensification, voire d'un abandon de la gestion pour une partie des peuplements. Ces processus, déjà bien engagés en haute montagne, peuvent s'étendre peu à peu à de grandes zones de plaine et de moyenne montagne, où les propriétés forestières de petite taille, privées ou communales, ont peu de capacités pour faire face aux risques climatiques. Les fragilités industrielles locales, renforcées par la préférence pour la vente de grumes haut de gamme sur les marchés internationaux, contribuent directement à la vulnérabilité socio-économique et organisationnelle de la filière tant localement que nationalement.

Les attributs de naturalité des forêts se renforcent très significativement, avec de vastes surfaces forestières en libre évolution. Ces espaces, mal ou pas du tout équipés pour la sylviculture, font l'objet de quelques coupes de cueillette sporadiques. La fréquence croissante de dégâts (arbres secs, chablis, arbres attaqués par des insectes, etc.) dont le bois n'est pas récolté induit une accumulation de bois mort. L'expansion de la surface forestière se fait sur un rythme modéré (40 000 ha/an), uniquement sous forme d'accrus spontanés. Les forêts en haute montagne et en région méditerranéenne font l'objet d'une gestion minimale (débroussaillement réglementaire dans les zones à risque d'incendie), tandis que certaines forêts du Massif central restent sous-exploitées.

Parallèlement, une minorité de forêts (30 à 40 % en surface) restent gérées avec un objectif de production de bois : forêts domaniales, forêts communales des régions où la tradition de sylviculture productive perdure (notamment le nord-est), forêts privées de grande taille, massif landais qui s'adapte aux dégâts climatiques et entretient sa singularité d'étroite intégration forêt-industries. Sauf dans les Landes, la pratique dominante est basée sur la régénération naturelle et la recherche de marchés de niche à l'export sur la base de cueillette de produit bois.

L'attitude vis-à-vis de l'adaptation au changement climatique concerne prioritairement les aires protégées existantes, avec une extension modérée de leur réseau. Au-delà, elle est principalement passive : les sylviculteurs n'engagent pas de travaux de transformation, car ils ont confiance dans les capacités d'adaptation des écosystèmes forestiers et les processus de dynamique naturelle. L'absence de machines adaptées ainsi que la faible propension à ouvrir des cloisonnements d'exploitation contraignent la mécanisation des récoltes feuillues. L'argument selon lequel la transformation des forêts par des méthodes « agronomiques » pendant la période d'après-guerre a été responsable de la vulnérabilité actuelle des forêts rationalise souvent le choix (en partie contraint) d'éviter les travaux et les investissements forestiers.

Le niveau de récolte national[12] reste, sur la période, proche du niveau actuel (2016) en valeur absolue, soit environ 50 Mm³/an (volume aérien total récolté, cumul national tous

---

12. Récolte = prélèvements – pertes d'exploitation.

usages). Les usages des bois feuillus continuent à se déplacer vers le débouché bois-énergie, complétant un petit marché de grumes haut de gamme pour l'export.

Avec la poursuite de l'affaiblissement du sciage feuillu, la transformation nationale est concentrée sur la ressource résineuse et réalisée par quelques sites industriels à longs rayons d'approvisionnement. Les progrès de la bioéconomie sont alimentés par des importations de plaquettes, sciages, pâte, panneaux, meubles, creusant le déficit commercial de la filière forêt-bois. Les investissements se concentrent sur le renouvellement des dessertes existantes et sur les travaux sylvicoles minimaux dans les zones productives ou à fort risque d'incendie.

Compte tenu de l'absence de gestion active qui caractérise une majorité de forêts dans ce scénario, on attend, dans un premier temps, la poursuite ou l'accélération de la capitalisation rapide observée depuis trente ans, dont le corollaire est un approfondissement du puits de carbone déclaré par notre pays en application de la Convention-cadre des Nations unies sur les changements climatiques. À l'échéance de quelques décennies, le ralentissement de la croissance forestière lié au vieillissement des peuplements en place, la recrudescence d'accidents sanitaires liés au changement climatique et les faibles capacités de la filière à y faire face (faible récolte et stockage, renouvellement par régénération naturelle) pourraient induire une évolution moins favorable des ressources en bois mobilisables.

Un scénario intermédiaire de « Dynamiques territoriales »

ON ENVISAGE ICI UNE TRAJECTOIRE D'ÉVOLUTION RÉACTIVE par paliers, où acteurs de la filière et politiques forestières s'appuient sur les crises pour induire des changements de trajectoires entre territoires, avec un fort rôle d'orientation pris par les nouvelles grandes régions qui se substituent à l'État en tant que cadre de l'action collective.

Dans un contexte de fortes transformations sociales et économiques (recherche d'autonomie énergétique locale, essor de l'agroécologie, réinsertion des aires urbaines dans les circuits de production, notamment agricoles), les professionnels forestiers sont « aspirés » vers d'autres domaines d'activités qui sollicitent et valorisent leurs compétences davantage que le secteur forestier lui-même (agroforesterie, écotourisme, écologie urbaine, économie circulaire, etc.). Du fait de cette concurrence extérieure, le moteur de ce scénario est la force de la demande en biomasse (les évolutions sont tirées par des filières extérieures au secteur forestier), surtout pour l'énergie, associée à des prix peu rémunérateurs, ce qui induit une simplification des pratiques de gestion et une spécialisation des objectifs.

Les forêts s'étendent à un rythme modéré (40 000 ha/an), principalement sous forme d'accrus spontanés avec quelques grandes zones de plantations. La gestion des forêts reste extensive dans les régions de haute montagne et les régions méditerranéennes, certaines zones (de montagne) restent confrontées à la problématique de la desserte forestière, tandis que les propriétaires privés du Massif central et les régions de forêts communales de l'est font des efforts de regroupement et de contractualisation. Les régions prennent le relais de l'État pour l'élaboration de politiques forestières, en prenant des options variées selon les configurations locales (à la fois en matière d'usages encouragés et de financements). L'offre de bois augmente en provenance de l'agroforesterie et de plantations dédiées périurbaines.

Forestiers et industriels sont conscients des risques climatiques, mais le jeu des contraintes socio-économiques, sylvicoles et environnementales laisse peu d'opportunités pour transformer les pratiques comme ils le souhaiteraient (par exemple, dégâts de gibier très contraignants pour le renouvellement). Combinés à la forte demande en biomasse, à la simplification des pratiques et à la régionalisation partielle des politiques, ces changements accentuent progressivement l'hétérogénéité des paysages forestiers, ce qui se révèle plutôt favorable à la biodiversité.

Le prélèvement augmente par à-coups, essentiellement orienté par les récoltes de sauvegarde après incendies, chablis ou épisodes de pullulation de ravageurs. Prise globalement, cette trajectoire pourrait se traduire par un maintien du taux de prélèvement actuel sur la période (soit 50 % de l'accroissement biologique net), le volume récolté évoluant vers les 70 Mm³/an (volume aérien total) en 2050. De nouveaux procédés sont développés pour valoriser les feuillus, principalement par des groupes industriels étrangers qui s'installent là où les approvisionnements sont sécurisés par contrats (cette réindustrialisation des feuillus est donc, elle aussi, hétérogène entre régions). La répartition du bois entre les différents usages est pilotée exclusivement par les marchés. Notamment, le bois d'industrie est pénalisé par la forte demande en bois-énergie pour alimenter des réseaux de chaleur. La collecte des coopératives progresse de manière inégale entre territoires.

Le tissu industriel national est structuré par des entreprises de taille moyenne à grande. L'exportation des grumes feuillues se poursuit sur un rythme modéré, le déficit en sciages résineux et, plus généralement, celui de la balance commerciale de la filière forêt-bois restant forts. Le niveau des investissements est hétérogène, avec une légère extension des dessertes et des travaux sylvicoles concentrés dans les régions où la demande aval et l'action politique locale combinent leurs effets.

Un scénario d'« Intensification et augmentation des prélèvements »

▌ Une conjoncture favorable à l'intensification des prélèvements

Ici, le contexte économique et politique est favorable à une transition approfondie pour les forêts de métropole :
• d'une part, la consommation des bois feuillus est facilitée par une combinaison d'innovations technologiques, de démarches de normalisation, d'investissements venant de multinationales étrangères et/ou de filières industrielles françaises en voie de reconversion,

d'efforts de formation et de fortes incitations publiques au regroupement des propriétés, à la contractualisation et à la simplification des pratiques d'aménagement ;

• d'autre part, la conjoncture est plus propice à l'investissement forestier, du fait de marchés motivants et d'une fiscalité plus favorable aux secteurs vertueux du point de vue climatique et moins pénalisante pour les activités intensives en main-d'œuvre.

Ce contexte favorise une gestion plus active des forêts, conçue dans un but combinant les différentes facettes du changement climatique : amplifier la contribution à l'atténuation ; mettre en œuvre diverses stratégies d'adaptation, notamment pour sécuriser les services écosystémiques ; améliorer l'efficacité de la filière pour mieux absorber les chocs consécutifs aux événements extrêmes.

L'usage des sols forestiers évolue sous l'effet d'organisations innovantes : gestion groupée par grands massifs (y compris massifs composites associant propriétés publiques et privées), forte extension de la contractualisation (chasse, commercialisation, bilan de gestion durable, mesures spécifiques de biodiversité), adaptation des objectifs de Natura 2000 au contexte du changement climatique. Les forêts de montagne sont en partie remises en gestion et, pour certaines, reconstituées (comme en haute montagne), tandis que les forêts méditerranéennes fournissent davantage de bois-énergie, de bois d'industrie et de sciages en résineux. L'expansion spontanée de la surface forestière se fait là aussi à un rythme modéré (+ 40 000 ha/an), à laquelle s'ajoute une part significative de plantations sur des surfaces déjà forestières, mais peu productives, l'objectif visé étant un plan de reboisement de 500 000 ha étalés sur les dix premières années de la période.

Les modes de gestion sylvicole sont marqués par des âges d'exploitabilité raccourcis (réduction des risques et adaptation aux procédés de transformation valorisant les petits diamètres), un usage accru de la plantation comme mode de renouvellement, la pratique régulière d'amendements et un équilibre entre forêt et gibier restauré. La maîtrise, la réorientation et le suivi en continu du matériel végétal deviennent des marqueurs forts de gestion durable : cela concerne bien sûr les variétés améliorées, mais aussi les pratiques de migration assistée, l'introduction de nouvelles essences et de variétés offrant de bons compromis entre performance et résistance, et la conservation des ressources génétiques coordonnée à l'échelle européenne. L'application des guides de sylviculture est facilitée par les procédures de gestion groupée. Les plantations forestières auront, à terme (c'est-à-dire au-delà de 2050), un fort impact sur la production totale tant en quantité qu'en qualité, grâce à la diffusion de variétés très productives (résineux, peuplier, eucalyptus) issues de programmes de sélection redéfinis dans un contexte d'interactions entre impacts du changement climatique et bioéconomie.

L'attitude vis-à-vis du changement climatique est principalement proactive : diversification des options, transformations, recherche de résilience organisationnelle à travers les systèmes de production, renouveau de la planification et des systèmes de suivi. Pour stimuler la contribution forestière à l'atténuation, un programme de plantations à forte productivité, détaillé plus loin, est mis en œuvre, et on observe un développement soutenu de forêts à cycle court, tournées vers l'industrie, à la fois dans le massif landais et dans d'autres régions où ces itinéraires viennent contribuer à la diversification des massifs en espèces forestières et en classe d'âge.

Le niveau de récolte national augmente progressivement et vise les 90 Mm³/an (volume aérien total) à partir de 2050, ce qui pourrait correspondre à 70-75 % de l'accroissement biologique net à cette date. La valorisation des bois feuillus se développe autour de deux ou trois sous-filières nouvelles, stimulées par le cadre politique plus incitatif ; la transformation est structurée autour de grands groupes industriels et d'un réseau de PME émergent pour tester de nouveaux procédés financés par des canaux financiers différents (mécénat, *crowdfunding*, etc.) ; de nouveaux produits et solutions constructives mixant feuillus et résineux émergent. Les coopératives et les experts forestiers voient leur activité stimulée en forêt privée, avec une forte augmentation de la collecte et de la prise en charge de la gestion complète des nouvelles entités de gestion groupée. La filière reste déficitaire, mais plus modérément.

Le niveau des investissements est élevé : numérisation des procédés, doublement de la desserte en montagne, efforts de mécanisation et *process* pour les feuillus et résineux de gros diamètre, plantations, travaux sylvicoles, recyclage des cendres de chaufferies et utilisation en amendements, etc. Les investissements en formation sont également significatifs, avec un effort pour attirer les jeunes sur les technologies adaptées à une gestion active (planification, logistique, commercialisation, travaux, intégration amont-aval, optimisation de la chaîne de valeur, etc.).

La mortalité est atténuée par la reconversion des peuplements vieillissants ou dépérissants. De même, les dégâts induits par les incendies et tempêtes sont réduits. Les accidents sanitaires d'origine biotique sont prépondérants (par exemple, chalarose sur frêne, maladie des bandes rouges sur pin laricio).

Ce scénario d'« Intensification », qui prévoit une augmentation progressive des prélèvements jusqu'en 2050, a pour avantage, d'une part, de permettre aux industries (pépiniéristes, première transformation française) d'adapter progressivement leurs capacités de production et, d'autre part, d'éviter de brutales pertes de production ou des chutes d'aménités sociales ou environnementales en cas de crise.

▌ Un plan de reboisement aux effets dépassant l'horizon 2050

La contribution de la forêt et de la filière forêt-bois à la lutte contre le changement climatique est la résultante de différents phénomènes dont les effets sont variables suivant l'échelle de temps étudiée. Par exemple, le puits forestier est aujourd'hui important du fait de la jeunesse des forêts françaises, mais en l'absence de développement des surfaces forestières, une augmentation des prélèvements, toutes choses égales par ailleurs, se traduirait par une diminution du puits forestier (mais une augmentation du stockage dans les produits bois et des effets de substitution).

Compte tenu de ces incertitudes et du taux anormalement bas des prélèvements de bois en forêt, un des groupes de travail chargé de l'élaboration du Programme national de la forêt et du bois[13] a proposé un scénario d'augmentation progressive mais continue de ces prélèvements selon une pente qui permet d'atteindre vers 2100 un prélèvement égal à la production biologique nette, soit une augmentation chaque année (par rapport à la précédente) de l'ordre de 750 000 m³ (avec une valeur moyenne pouvant fluctuer entre 500 000 et 1 000 000 m³).

Madignier *et al.* (2014) ont également proposé une dynamisation des sylvicultures actuelles, mais avec un plan de reboisement beaucoup plus ambitieux. Ces propositions visent en effet à accroître la surface de la forêt productive et/ou à améliorer certaines surfaces forestières non valorisées sur le plan économique par une relance du reboisement en essences résineuses productives, à hauteur de 50 000 ha/an. Sur la base de 500 000 ha mis en valeur d'ici à 2030 et d'un différentiel de productivité de + 10 m³/ha/an en moyenne par rapport à la situation actuelle, ces boisements et reboisements pourraient représenter d'ici à 2030 une production supplémentaire d'environ 3 à 5 millions de mètres cubes de bois par an, et par conséquent correspondre à une augmentation du puits forestier de 3 à 5 millions de tonnes de CO_2 par an.

La France a déjà mené, à plusieurs reprises, des programmes de reboisement ambitieux, dont le plus récent reste celui du Fonds forestier national. Legay et Le Bouler (2014) indiquent qu'aujourd'hui environ 2 millions d'hectares sont entièrement le fruit de ces reboisements et 1 million d'hectares le sont au moins en partie : « L'effort de l'homme pour créer ces forêts volontaires a en grande partie réussi. » Ginisty *et al.* (1998) ont conduit une vaste enquête sur la réussite des reboisements aidés par le Fonds forestier national (période 1973-1988). L'enquête a révélé le bon comportement des résineux en général, et en particulier du pin maritime et du douglas, ainsi que du peuplier. Les feuillus présentent en revanche les taux de réussite les plus faibles.

L'option de susciter la création de ressources nouvelles *via* un nouveau programme de plantations forestières à haute productivité est donc au cœur de scénarios visant à dynamiser la gestion forestière. Elle trouve pleinement sa justification en matière de :
• mise en œuvre d'une gestion forestière durable ;
• adaptation au changement climatique ;
• couplage des produits récoltés aux usages (dont bois-énergie) ;
• compétitivité de la filière forêt-bois dans le commerce international ;
• contribution au puits de carbone.

Ainsi, dans un contexte d'« Intensification », tel que le prévoit notre troisième scénario, on a examiné la faisabilité d'un plan de reboisement s'appuyant sur les propositions formulées dans Madignier *et al.* (2014). Cette réflexion a permis, notamment, de définir les moyens à mettre en œuvre pour réaliser un plan de reboisement progressif de 500 000 ha étalé sur les dix prochaines années et procurant un différentiel de productivité de + 10 m³/ha/an

---

13. Élaboration du Programme national de la forêt et du bois (PNFB), Groupe de travail (GT) n° 1 : gestion durable des forêts, mai 2015, 42 p.

en moyenne par rapport à la situation actuelle. L'objectif visé est une production supplémentaire de 3 à 5 millions de mètres cubes de bois par an.

En matière de faisabilité et de moyens, la réflexion s'est articulée autour de trois points clés du reboisement : choix des espèces, de la sylviculture et des régions d'implantation[14]. La démarche suivie s'appuie sur un panel de dix espèces. La plupart dépassent les 15 m³/ha/an en productivité, d'autres atteignent plus difficilement ce seuil, mais permettent d'exploiter des conditions stationnelles plus contraignantes, par exemple dans le massif landais ou en région méditerranéenne.

Un plan de reboisement de cette envergure, même progressif, induit des besoins supplémentaires en plants qui, compte tenu des objectifs visés, s'élèvent à environ 60 millions de plants par an, toutes essences confondues. On s'est donc assuré que, pour la plupart des essences proposées, un approvisionnement suffisant et régulier sera garanti à partir d'une ou de plusieurs des sources actuelles (vergers à graines, peuplements sélectionnés, boutures, etc.) moyennant une montée en puissance des récoltes de matériels forestiers de reproduction et, pour quelques espèces, le recours à des importations de graines. Par ailleurs, une entrevue réalisée avec un représentant des pépiniéristes forestiers confirme que le réseau des pépinières forestières françaises sera en mesure de s'adapter très rapidement à la production des 60 millions de plants nécessaires pour réaliser 50 000 ha de reboisement par an. Toutes espèces confondues, 40 % des plants (24 millions) pourraient être produits en godets et 60 % (36 millions) en racines nues. Les 36 millions de plants produits en racines nues représentent 240 ha supplémentaires de pépinière en production. D'après les pépiniéristes, ces surfaces de pépinière sont disponibles.

Pour assurer une productivité accrue de 10 m³/ha/an, des sylvicultures dynamiques devront être mises en place. Elles viseront des révolutions souvent bien en deçà de cinquante ans. Selon les caractéristiques de chaque espèce, un ou plusieurs des trois itinéraires sylvicoles suivants ont été proposés :
• **sylviculture classique** : avec une densité initiale de 1 100-1 200 tiges/ha, trois ou quatre éclaircies régulières précédant une coupe à blanc avant cinquante ans (204 tiges/ha pour le peuplier et aucune éclaircie) ;
• **sylviculture semi-dédiée** : avec une densité initiale plus forte, 1 600-2 000 tiges/ha, deux éclaircies maximum avec une première intervention autour de vingt ans, et une révolution plus courte que dans la sylviculture classique. Les premiers produits sont destinés à la production de biomasse ; la coupe finale permet de collecter du bois d'œuvre et de la biomasse ;
• **sylviculture biomasse** : l'objectif est ici clairement de raccourcir au maximum les rotations en limitant les interventions pour une production de bois de trituration. On vise des révolutions de dix à trente ans maximum. Dans ce scénario, sont inclus les taillis à courte rotation pour les essences qui s'y prêtent (peuplier, séquoia, eucalyptus), mais

---

14. On trouvera en annexe ainsi que dans Berthelot *et al.* (2019) les détails et les étapes de cette démarche originale.

aussi les futaies à courte révolution pour les autres (épicéa de Sitka, mélèze hybride, pin taeda, sapin de Vancouver).

En s'appuyant sur la base de données de l'IFN, le choix des zones à reboiser (500 000 ha) s'est orienté, par priorité décroissante, vers : des stations dans le Grand Ouest aptes à porter des reboisements très productifs, des stations du Grand Est semi-continental avec un faible taux actuel de prélèvement, certaines stations en impasse sylvicole liée à la présence de pathogènes (frêne, châtaignier, pin laricio, etc.), des stations en région méditerranéenne aptes à être valorisées, et enfin les peupleraies non entretenues.

Complémentairement à une répartition des espèces dans ces zones sur la base de leur adaptation pédoclimatique, on a défini un ou plusieurs itinéraires sylvicoles pour chaque espèce et appliqué une ventilation de ces itinéraires. Enfin, la dynamique du reboisement n'a pas été considérée comme linéaire ; elle prend en compte la nécessaire « montée en puissance » de l'effort de reboisement au cours des dix années prévues pour réaliser le plan de reboisement (figure 3.1).

Finalement, le douglas et le pin maritime constituent, en surfaces reboisées, les deux principales essences envisagées, suivies de deux espèces d'importance moyenne, le mélèze hybride et le peuplier (figure 3.2). L'effort principal concerne les peuplements essentiellement feuillus dans les grandes régions écologiques (Greco) prioritaires (grande moitié ouest de la France) et les peuplements en impasse sylvicole (84 %). Un complément non négligeable est néanmoins fourni dans les Greco de l'Est (11 %), tandis que la région méditerranéenne et la strate « peupleraies non entretenues » complètent le projet (5 %).

Introduites dans le modèle Margot (encadré 4.1, p. 68), toutes ces données permettent de simuler l'évolution dans le temps de la croissance et des prélèvements de ces peuplements. La figure 3.3 illustre l'effet de la mise en place du plan de reboisement sur la disponibilité en bois à l'horizon 2100.

Figure 3.1. Surfaces reboisées annuellement et cumulées de 2020 à 2030.

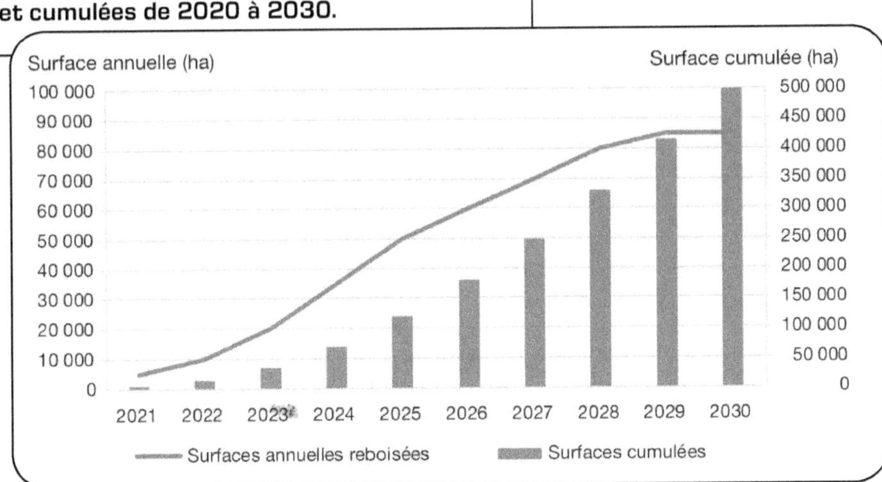

Figure 3.2. Pourcentage d'utilisation de chaque espèce dans le plan de reboisement.

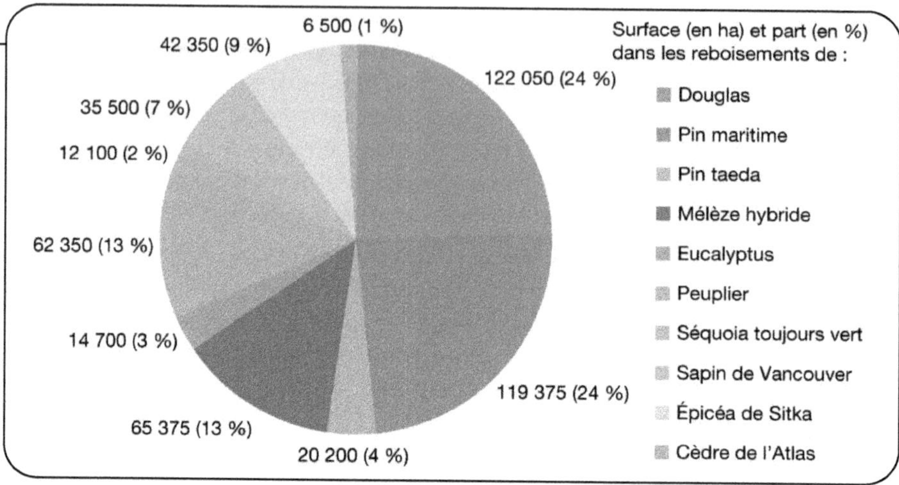

Figure 3.3. Disponibilités supplémentaires issues de la mise en place du plan de reboisement à l'horizon 2100.

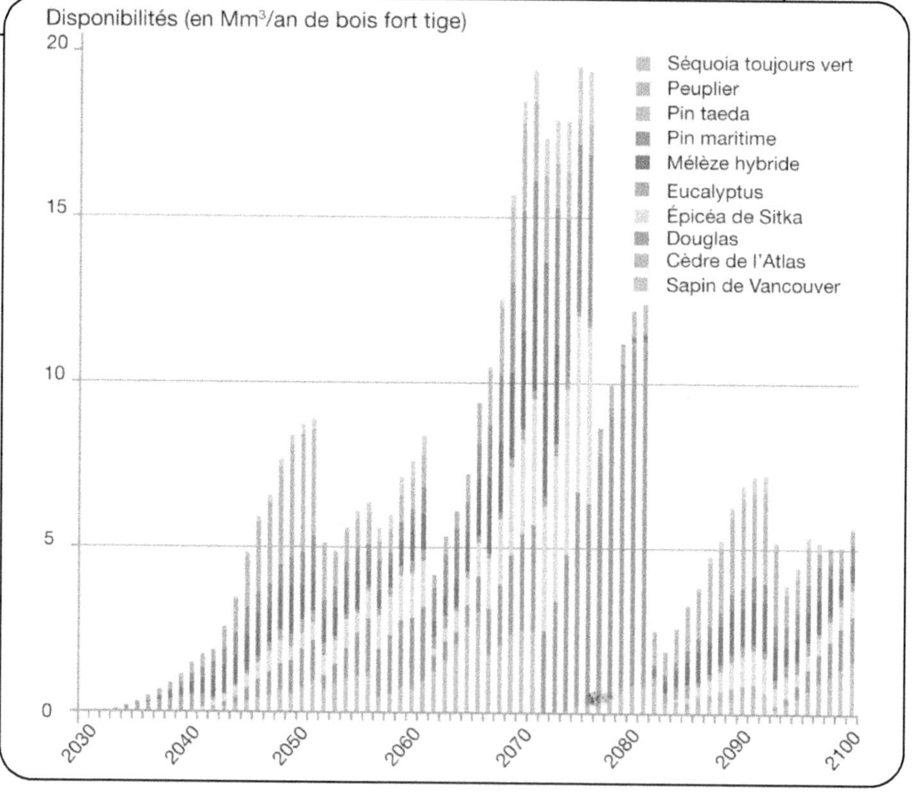

Il apparaît clairement qu'un tel plan de reboisement ne peut avoir qu'un faible impact sur la disponibilité de la ressource à l'horizon 2050. À cet horizon, trop rapproché au vu des processus forestiers, un léger pic de disponibilité apparaît, essentiellement lié à l'arrivée à maturité des nouvelles plantations de peupliers. Le vrai pic de disponibilités, qui avoisinerait les 20 Mm³/an (volume bois fort tige), n'est attendu qu'aux horizons 2070, période d'arrivée à maturité simultanée des pins maritimes et des mélèzes hybrides, ces derniers étant ensuite relayés par les épicéas de Sitka. Ce pic se prolongerait ensuite, mais avec une intensité moindre, grâce aux plantations de Douglas, avant un nouveau cycle de disponibilités quelque peu ralenti.

Plausibilité des scénarios de gestion et du plan de reboisement

▌ Freins et leviers à la réalisation des scénarios dynamiques vus par les acteurs de la filière

Nous avons soumis ces trois scénarios à une douzaine d'acteurs de la filière forêt-bois française en leur demandant de préciser pour chacun d'eux les blocages et les leviers à leur réalisation. Deux scénarios ont particulièrement retenu l'attention des acteurs auditionnés : le scénario « Dynamiques territoriales », que certains considèrent comme s'apparentant à la poursuite de la trajectoire actuelle, et le scénario « Intensification ».

Plusieurs blocages communs à ces deux scénarios ont été identifiés, parmi lesquels :
• un prix des bois peu incitatif et des coûts de mobilisation importants ;
• une structure foncière et sociale de la forêt pénalisante ;
• une desserte des massifs insuffisante et une mécanisation de l'exploitation des feuillus encore balbutiante ;
• des verrous technologiques pour le développement de l'utilisation du bois dans la construction.

À l'inverse, des leviers communs à leur réalisation ont également été repérés :
• des actions d'éducation et de communication visant à la fois les acteurs pour les inciter à intervenir, et les usagers pour leur faire partager les enjeux concernés ;
• des moyens pour développer les innovations et les investissements visant des gains de productivité ;
• la formation des opérateurs ;
• de nouveaux partenariats public-privé et de nouveaux financements, qu'ils soient privés (crédits carbone, mécénat, etc.) ou publics (taxes carbone, etc.) ;
• une meilleure organisation de la filière pour lui permettre de gagner en compétitivité, de développer les complémentarités, en particulier sur la ressource, d'améliorer les dessertes.

Les blocages spécifiques au scénario « Dynamiques territoriales » portent sur les tensions prévisibles entre les différents usages du bois et les risques de compétition entre les territoires. Il nécessitera la mise en place d'un dialogue interprofessionnel approfondi, visant à définir et à préciser les politiques forestières régionales, et qui s'appuiera sur la déclinaison du Programme national de la forêt et du bois, à apprendre aux territoires à s'organiser autour de la ressource forestière pour développer l'utilisation du bois, et à préconiser les circuits courts, en particulier en lien avec la transition énergétique.

Pour l'ensemble des acteurs, l'absence de choix clair d'une politique forestière, les difficultés à reboiser – tant pour des questions d'acceptabilité, de conflits d'usage des sols avec l'agriculture, d'équilibre forêt/gibier, de disponibilité des entreprises, de coûts, etc. –, les difficultés de valorisation des feuillus apparaissent des blocages importants pour le développement d'un scénario de type « Intensification ».

Pour y remédier, il apparaît nécessaire de préciser les axes d'une politique forestière nationale, de développer le numérique et les nouvelles technologies, d'inventer les nouvelles industries pour les peuplements feuillus, de développer les partenariats avec les métropoles, etc.

∎ Intérêt et limites du plan de reboisement

L'objectif ambitieux du plan de reboisement tant en surfaces qu'en productivité a conduit à orienter les choix vers des essences à croissance rapide implantées dans des milieux présentant peu de contraintes (sol, pente, climat, etc.) ; priorité a été donnée au remplacement de peuplements où peu de bois est actuellement mobilisé. D'autres surfaces, sans doute importantes, pourraient être mises en valeur par des opérations de boisement, mais nous avons choisi délibérément de ne pas les considérer ici, compte tenu des attentes exprimées pour le plan de reboisement (500 000 ha étalés sur les dix prochaines années, procurant un différentiel de productivité de + 10 m³/ha/an en moyenne par rapport à la situation actuelle).

La répartition des surfaces entre les différentes essences choisies, au sein des territoires à reboiser, est évidemment un choix fort de l'étude. La stratification régionale nous a aidés à choisir en fonction des connaissances disponibles pour chacune des essences, mais il a fallu également faire des compromis entre l'ambition du plan de reboisement et un certain réalisme technico-économique. En effet, une essence très peu utilisée jusqu'à présent peut difficilement être mise en œuvre à grande échelle d'ici dix ans, même si son potentiel est reconnu. C'est ce qui explique que l'essentiel des surfaces du plan de reboisement est constitué d'essences déjà largement connues.

Par rapport aux pratiques actuelles, les choix réalisés augmentent les densités de plantation et raccourcissent les durées de révolution. Le premier choix permet d'augmenter significativement la production totale des peuplements et, dans le même temps, d'améliorer certaines caractéristiques des produits (densité du bois, taille des nœuds). L'augmentation des densités permet également de réussir plus facilement les plantations (dilution des dégâts de gibier, fermeture du couvert plus rapide, stimulation de la croissance en hauteur dans le jeune âge). En revanche, ce phénomène amplifiera la demande en matériel forestier de reproduction. La réduction des durées de révolution permet, quant à elle, de diminuer l'exposition au risque de chablis et d'augmenter la substitution carbone (plus de bois mis en œuvre par unité de surface et de temps). De la même façon, le raccourcissement des cycles permet de produire des bois de diamètre moyen, faciles à récolter mécaniquement et fortement demandés par l'industrie. En revanche, la récolte de bois très jeunes nécessitera un suivi de la fertilité des sols et d'éventuelles compensations par amendement. La forte proportion de bois juvénile et la duraminisation pourraient justifier des efforts ciblés d'amélioration génétique.

Au-delà du plan de reboisement dimensionné ici sur une période de dix ans, des besoins en recherche et développement apparaissent naturellement pour soutenir, dans la durée, le renouvellement des plantations. En matière d'amélioration génétique et de création variétale, il convient d'anticiper les besoins en matériel forestier de reproduction et de préparer les futures générations de variétés améliorées, pour les essences majeures, bien sûr, mais aussi pour des espèces secondaires dont on connaît toutefois le potentiel. Il convient aussi d'optimiser la production dans les vergers à graines et d'améliorer le ratio plant sorti/graine produite. Une mise en réseau de tous les acteurs de la filière (recherche et développement, gestion, semenciers, pépinières) apparaît, à ce titre, indispensable. Enfin, l'innovation devra aussi concerner l'étape de mise en place des plants sur le terrain (travail du sol, plantation, entretiens).

Ce plan de reboisement marque une rupture réelle par rapport aux objectifs et aux modalités de la gestion forestière de ces trente dernières années pour une large partie du territoire métropolitain. Toutefois, son lien aux nouveaux enjeux de la bioéconomie est assez direct. Le choix des espèces retenues, des itinéraires sylvicoles et de la cible foncière peut également être envisagé dans une perspective intégrée d'adaptation au changement climatique (gain de flexibilité par les horizons rapprochés, diversification et reconversion de massifs, productivité concentrée sur une fraction réduite de l'espace géré, etc.). Ces arguments constituent les éléments d'une pédagogie qui permettrait de surmonter certaines difficultés d'acceptation.

En effet, en France, les évolutions de la société, tant du point de vue sociétal qu'économique, ont profondément modelé la physionomie de la forêt française. Successivement « nourricière » des populations et du bétail, puis pourvoyeuse d'énergie, en particulier pour les besoins de la métallurgie, la forêt est devenue aujourd'hui « multifonctionnelle », assurant de façon équilibrée des fonctions économiques, environnementales et sociales. Les enjeux du plan de reboisement envisagé ci-dessus se trouvent au cœur d'un équilibre entre les piliers environnemental et économique. L'étude, loin de les ignorer, n'a délibérément pas focalisé sur ces enjeux, dans la mesure où ils ont été largement étudiés par ailleurs au cours des dix dernières années (voir à ce propos GIP Ecofor, 2009a et 2009b). Ces études montrent en effet que, dans la conception de la multifonctionnalité forestière, des compromis sont tout à fait possibles pour mettre en œuvre une gestion dynamique de la sylviculture prenant en compte et valorisant toutes les fonctions environnementales.

Par ailleurs, le Programme national de la forêt et du bois (PNFB, ministère de l'Agriculture et de l'Alimentation, 2017) a fixé des orientations forestières pour garantir une multifonctionnalité de la forêt par une gestion compatible avec la durabilité des écosystèmes. Adapté et décliné dans chaque région française sous forme de programmes régionaux de la forêt et du bois, il se traduit en préconisations pour des enjeux aussi variés que la conservation et l'usage raisonné des ressources génétiques, la préservation de corridors de biodiversité, le maintien de l'intégrité physique et chimique des sols ou la conduite et l'exploitation des peuplements forestiers. Un comité spécialisé du Conseil supérieur de la forêt et du bois assure le suivi, la révision et l'évaluation des incidences environnementales du programme. En région, ces fonctions sont confiées aux commissions régionales de la forêt et du bois, au sein desquelles dialoguent les organismes professionnels, les représentants institutionnels et la société civile.

Trois visions contrastées du futur

PRÉSENTÉS ICI SOUS LEUR FORME NARRATIVE, assez classique en prospective, ces trois scénarios de gestion forestière renvoient à des visions des futurs du monde et des sociétés assez fortement divergentes. De ce point de vue, la réinterprétation de ces scénarios proposée récemment dans le cadre de la prospective des agricultures et des forêts françaises menée par le Conseil général de l'alimentation, de l'agriculture et des espaces ruraux (Berlizot *et al.*, 2020) est intéressante. Proposant, pour l'horizon 2050, quatre scénarios contrastés en termes d'ouverture sur le monde, de prise en compte de l'innovation, d'implication citoyenne ou de gouvernance, les auteurs de ce travail assimilent le scénario « Extensification et allégement des prélèvements » présenté ici à leur scénario dit de « Sobriété savante », alors que le scénario « Intensification des prélèvements avec plan de reboisement » pourrait relever de deux futurs quelque peu différents : « Capitalisme environnemental » ou « Productivisme renouvelé ». Enfin, le scénario « Dynamiques territoriales » s'apparenterait, sans trop de difficultés, à une trajectoire de type « Citoyens des territoires ». Ces rattachements, quelque peu arbitraires et peu explicités dans la prospective du Conseil général de l'alimentation, de l'agriculture et des espaces ruraux, sont intéressants, car ils révèlent qu'au-delà des dimensions strictement forestières des scénarios de gestion de la ressource, dont les résultats en matière de bilan carbone sont analysés par la suite, ces scénarios s'inscrivent dans des trajectoires sociétales plus larges, également divergentes. Un exercice de même nature pourrait être tenté visant à replacer ces trois scénarios dans les douze familles identifiées par Lacroix *et al.* (2019) à partir d'un large panel de prospectives environnementales internationales. Dans ce cadre, ces trois scénarios seraient rattachés aux familles dites « à priorité environnementale ». Ils s'appuient cependant sur des mécanismes sociétaux différents. Si le contexte de la stratégie d'« Intensification des prélèvements avec plan de reboisement » cadre assez logiquement avec le narratif des scénarios de type « Croissance verte », les deux autres sont un peu plus difficiles à classer. Le narratif du scénario « Dynamiques territoriales » pourrait l'apparenter à la famille dite du « local », sans en avoir pour autant toutes les caractéristiques, notamment en matière de gouvernance. La trajectoire d'« Extensification des prélèvements » pourrait, quant à elle, se rapprocher de la famille des scénarios dits de « Synergies positives », sans en avoir là non plus toutes les caractéristiques de gouvernance.

4. Bilans carbone des stratégies de gestion forestière à l'horizon 2050

LES EFFETS DES TRAJECTOIRES DÉCRITES DANS LE CHAPITRE 3 sur les différentes composantes du bilan carbone de la filière forêt-bois française ont été simulés jusqu'à l'horizon 2050 à l'aide du modèle de ressource Margot de l'IGN (encadré 4.1). Ce modèle fournit des résultats (stocks sur pied, disponibilité, accroissement, mortalité) qui, complétés par les modèles simples de dynamique pour le bois mort et les coefficients de substitution des différents produits décrits au chapitre 1, permettent d'établir pour chaque scénario les différentes composantes du bilan carbone. Ces bilans comportent sept composantes : cinq pour le stockage au sens strict[15] (dans l'écosystème forestier : biomasses de feuillus et de résineux, dans le bois mort, dans les sols ainsi que dans les produits bois) et deux pour les effets de substitution (quantités d'émissions annuelles de CO_2 évitées par l'usage du bois de préférence à des procédés alternatifs plus émetteurs pour, respectivement, les usages en énergie et en matériau). La somme de ces sept composantes représente le bilan cumulé de la forêt et de la filière forêt-bois, vu depuis l'atmosphère au pas de temps annuel.

On a cherché à intégrer, lors de la mobilisation du modèle Margot, la plus grande partie des hypothèses constitutives des scénarios de gestion. Il va néanmoins de soi que toutes les évolutions contenues dans la description des scénarios de gestion ne peuvent être transcrites en modification de variables d'entrée du modèle. Seules certaines d'entre elles ont pu être prises en compte. L'une des limites essentielles des projections présentées ci-dessous a résidé dans la difficulté, avec les outils de modélisation actuellement disponibles, à faire évoluer de façon conséquente (et en alignement avec l'esprit des scénarios) la répartition des usages entre bois d'œuvre, bois d'industrie et bois-énergie. Les conséquences de cette limite sur le stockage dans les produits bois et sur les effets de substitution seront à garder à l'esprit lors de l'analyse des résultats.

Détermination des niveaux de prélèvement

LES NIVEAUX DE PRÉLÈVEMENT, variable clé de distinction entre les différents scénarios, ont été fixés de façon exogène et de manières diverses selon les situations envisagées.

Le scénario « Dynamiques territoriales » correspond à une forte hétérogénéité des modalités de gestion suivant les régions (très fort niveau de valorisation dans le massif landais,

---

15. Par stockage, on entend ici la variation d'un stock sur une année, indépendamment de la plus ou moins grande intensité des échanges instantanés entre ce stock et l'atmosphère. Une valeur négative, pour l'une des composantes, signifie que le stock considéré s'est amoindri au cours de l'année.

priorité à la conservation de la nature dans les Alpes, exploitation très réduite en zone méditerranéenne, etc.). Globalement, ce scénario vise un maintien des taux de coupe actuellement relevés par l'Inventaire forestier national (période d'observation 2005-2013), et qui sont le reflet des pratiques réelles de terrain : on s'appuie alors directement sur les taux de prélèvements déjà intégrés dans Margot à partir des données historiques. Employée dans diverses précédentes études (Colin et Thivolle-Cazat, 2016 ; Colin, 2014), cette stratégie empirique est robuste à court terme (horizon vingt ans), mais ne peut tenir compte d'évolutions de la gestion liées à la structure déséquilibrée de la forêt française (aujourd'hui relativement jeune). Il s'agit donc d'un scénario de référence, utile pour comparer les niveaux atteints par les deux autres scénarios prospectifs.

> **Encadré 4.1. Le modèle de ressources forestières Margot, projection de la ressource forestière et des disponibilités futures à l'échelle des territoires.**
>
> ### Principes et fonctionnement du modèle
>
> Le modèle Margot est utilisé par l'IGN dans de nombreuses études pour projeter les ressources forestières, les disponibilités futures en bois et les bilans carbone selon différents scénarios de développement forestier (Colin *et al.*, 2017).
>
> Il s'agit d'un modèle démographique permettant de simuler l'évolution des caractéristiques forestières d'un territoire (allant de la région au pays) en fonction de la croissance des arbres, de la mortalité naturelle et des prélèvements en bois. Une des caractéristiques essentielles du modèle est de reposer exclusivement sur les données relevées par l'enquête statistique de l'Inventaire forestier national (IFN) pour décrire l'état initial de la ressource et les dynamiques naturelles des forêts des territoires concernés. Les scénarios sylvicoles peuvent également être qualifiés avec les données IFN, ou définis de manière exogène avec les professionnels des filières forêt-bois. Le modèle Margot comprend deux modèles démographiques permettant de traiter la diversité des sylvicultures : le modèle de dynamique de la ressource par classe d'âge, mis en œuvre dans les peupleraies cultivées, et celui par classe de diamètre (Wernsdörfer *et al.*, 2012), mis en œuvre dans toutes les autres forêts. Le modèle répartit en 116 strates les 15,9 millions d'hectares de forêts disponibles pour la production de bois en France plus 2 strates pour les peupleraies ; chacune d'elles fait l'objet d'une projection régie par des hypothèses spécifiques. Une strate regroupe des peuplements comparables en matière d'essences, de propriétés foncières, de conditions de milieu et de sylviculture. Ainsi, tous les peuplements d'une même strate, bien qu'ils ne soient pas spatialement voisins, peuvent se voir appliquer les mêmes hypothèses de croissance biologique, de mortalité et de prélèvement, à conditions de développement données (classe d'âge ou de diamètre).
>
> Grâce à la généricité de l'approche de modélisation retenue pour Margot et au caractère systématique et national de l'enquête IFN, les projections prennent en compte toute la diversité de la forêt (composition en essences, sols, climats) et

des pratiques de gestion qui se rencontrent à l'échelle des territoires, à l'inverse des modèles spécifiques, qui ne peuvent être utilisés que pour une situation donnée et, le plus souvent, que pour une seule essence.

Implémentation des scénarios de gestion

Les surfaces d'accrues (plantations incluses) dans les trois scénarios (+ 40 000 ha/an) ont été ajoutées progressivement à la simulation dans les strates correspondant aux régions, aux types de propriété et aux essences où l'expansion forestière est actuellement la plus forte. Les taux de prélèvement du scénario « Dynamiques territoriales » ont été fixés à partir des observations de coupes faites directement sur les placettes IFN. Cette approche permet de prendre implicitement en compte tous les facteurs qui jouent actuellement sur la mobilisation des bois (difficultés d'exploitation, politiques régionales, motivations des propriétaires, etc.). Les taux de prélèvement du scénario « Extensification » découlent, quant à eux, des tendances observées dans les résultats des simulations du modèle de filière FFSM (chapitre 5 et encadré 5.1, p. 91), et donc des hypothèses économiques sous-jacentes. Enfin, les taux de prélèvement du scénario « Intensification » ont été définis à partir des taux de prélèvement observés par l'IFN et implémentés dans le scénario « Dynamiques territoriales », qui ont été modulés selon les niveaux d'intensification préalablement définis pour atteindre l'objectif situé entre 70 et 75 % de l'accroissement au niveau national en 2035. Ces modulations ont été réalisées « à dire d'experts », selon la capacité des différents compartiments de la ressource à fournir une récolte supplémentaire au vu de la philosophie arrêtée pour ce scénario. Cette analyse a été effectuée par grande région écologique, type de propriété, essence et catégorie de dimension des bois. Cette dynamisation a été appliquée de façon progressive entre 2015 et 2035, puis les taux de coupe « intensifs » ont été maintenus constants jusqu'en 2050. L'intégration du plan de reboisement dans le scénario « Intensification » s'est déroulée en deux étapes :
• simulation de coupes rases dans les peuplements actuellement en place et situés dans des zones définies par les experts ayant élaboré le plan de reboisement comme étant à reboiser à l'horizon 2030 ;
• simulation de la croissance et des prélèvements dans les reboisements selon les hypothèses définies par le groupe « plan de reboisement ».

Limites du modèle pour des projections à long terme du bilan carbone

Les cycles forestiers sont marqués en France par des évolutions lentes et progressives, si bien que ce type de modèle statistique basé sur des données de terrain est particulièrement robuste en projection à court et moyen termes. Mais au-delà, pour des projections à plus long terme, l'hypothèse de stationnarité des paramètres de croissance, et dans une moindre mesure de mortalité, rend difficile l'emploi du modèle Margot seul. En effet, les conditions du milieu se modifient avec le changement climatique, et la densification progressive des peuplements, notamment sous l'effet de la sylviculture, tend à faire évoluer la vitesse de croissance. Or ce sont précisément des variations concomitantes du climat et des pratiques de gestion que nous souhaitons explorer dans cette étude, et l'horizon 2050 est manifestement trop éloigné pour que l'on puisse supposer la non-stationnarité des matrices de transition. La prise en compte de ces modifications à long terme passe par des travaux de recherche et développement, et une première thèse est en cours à l'IGN pour modéliser, dans le modèle Margot, les relations entre la croissance, la densification des peuplements et les évolutions climatiques.

Dans cette attente, pour répondre aux enjeux particuliers de l'étude, des méthodes ont été imaginées pour prendre en compte de manière schématique les impacts du changement climatique*, des grandes crises et les effets de densité-dépendance. Sur ce dernier point, l'IGN a ajusté une version exploratoire de Margot dans laquelle le paramètre de croissance (transition entre classes de diamètres) a été rendu dépendant de la densité relative des peuplements, de façon à respecter une loi de saturation de la production à l'échelle du peuplement.

* Voir chapitre 6 et encadré 6.1 (p. 106) pour l'articulation entre les modèles GO+ et Margot.

Le scénario de gestion « Intensification » vise une augmentation de la récolte en faisant l'hypothèse d'une levée d'un certain nombre de blocages actuels : développement de l'exploitation et de la valorisation des feuillus, accroissement de la récolte des gros bois résineux, hausse des prélèvements dans les régions méditerranéennes et montagnardes, etc. L'objectif est une augmentation progressive du niveau de prélèvement, pour atteindre entre 70 et 75 % de l'accroissement d'ici à 2050. À défaut d'être en mesure de mobiliser les résultats d'une modélisation économique visant à déterminer la dynamique des prélèvements à intégrer dans le modèle Margot[16], les taux de prélèvement utilisés ici consistent en une revisite « à dire d'experts » des taux actuels afin de les augmenter en cohérence avec le comportement connu des acteurs et la possibilité de récolte supplémentaire selon les types de forêts. L'intensification a été déterminée par compartiment en combinant type de propriété, région, essence et catégorie de diamètre, et en visant essentiellement une augmentation des prélèvements dans les forêts privées et communales, sur les feuillus et sur les gros bois de résineux. Le plan de reboisement propre à ce scénario a été implémenté dans le modèle de ressource. Il a fait spécifiquement l'objet d'une simulation jusqu'en 2100, afin de constater les conséquences à long terme des itinéraires retenus, mais aussi d'identifier les arrivées massives de bois sur le marché qui se produiront quelques décennies après la courte période de plantation (2021-2030).

Le cas du scénario « Extensification » est un peu particulier. Il vise à maintenir le volume global des prélèvements en m³/an sur toute la période, à la différence du scénario « Dynamiques territoriales » qui consiste à bloquer les taux de prélèvement à leur niveau actuel. L'évolution temporelle des taux de prélèvement du scénario « Extensification » découle directement des résultats de simulation du modèle de filière FFSM, et donc des hypothèses économiques sous-jacentes (comme la baisse de la surface gérée). Ces tendances disponibles par régions et par essences ont été rendues compatibles avec les 116 strates du modèle Margot, puis

---

16. Difficulté qui sera explicitée plus loin avec les résultats des simulations économiques des scénarios, opérées avec le modèle FFSM (chapitre 5).

appliquées aux taux de coupe du scénario « Dynamique territoriale » de Margot qui correspond exactement, pour la première période de simulation, aux volumes de prélèvements actuels. Cette méthode a permis de conserver la tendance régionale et l'évolution temporelle des taux de prélèvement tels que simulés par le modèle FFSM, tout en restant cohérent avec le volume de récolte actuelle et sa répartition telle qu'observée par l'IGN en 2015.

Reportés en figure 4.1, les volumes de bois prélevés auxquels cette démarche aboutit augmentent clairement avec l'intensification de la gestion forestière. Dans le scénario « Extensification », ils sont, à l'horizon 2050, très proches de ceux d'aujourd'hui en matière de feuillus et même un peu en deçà en matière de résineux. Ils augmentent de près de 40 % pour les feuillus et de 20 % pour les résineux dans le scénario « Dynamiques territoriales ». L'écart est encore plus manifeste quand on passe au scénario « Intensification » : l'augmentation des prélèvements se situe autour de 70 % pour les feuillus et dépasse les 50 % en résineux par rapport à la période initiale (2016-2020).

Figure 4.1. Évolution des disponibilités techniques par famille d'usages de bois et évolution du taux de prélèvement (en % de l'accroissement net) selon le scénario de gestion.

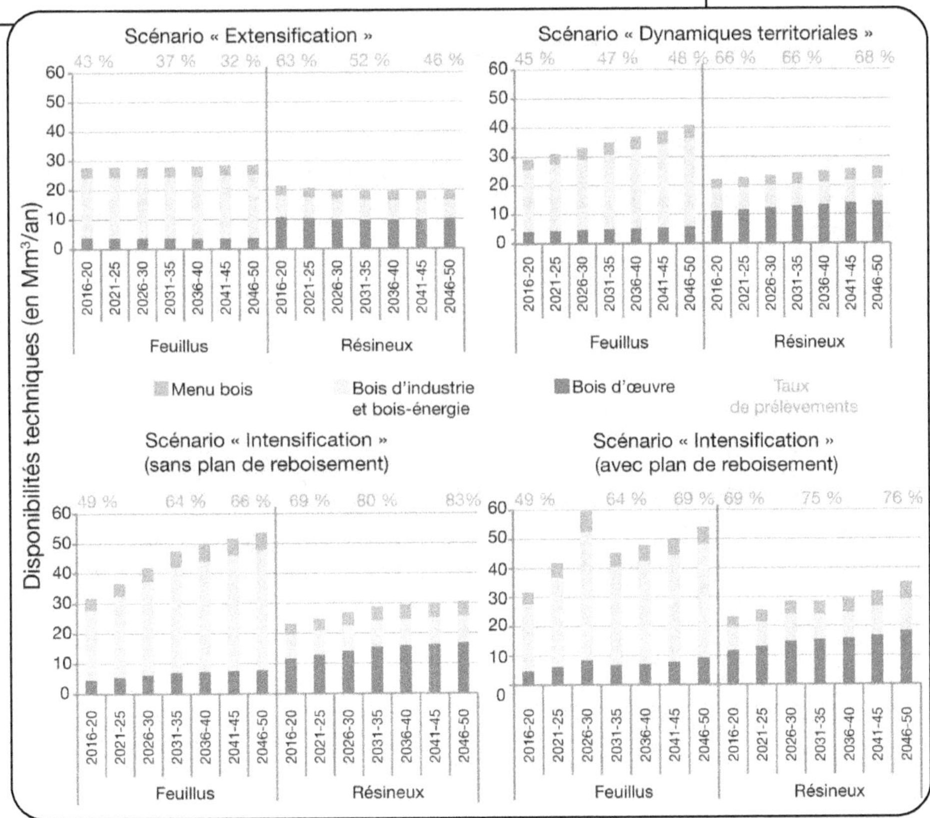

Stocks sur pied, prélèvements et stockage de carbone dans l'écosystème forestier

▌ Un stock sur pied d'une croissance variable selon les scénarios

Les scénarios simulés prolongent la tendance à l'accumulation de bois observée depuis la mise en place de l'IFN en 1958, de manière plus ou moins prononcée selon le scénario de gestion. Le scénario « Extensification » entraîne, comme attendu, une très forte capitalisation, le volume sur pied atteignant 4,5 milliards de mètres cubes de bois fort tige en 2050 (3 milliards pour les feuillus + 1,5 milliard pour les résineux), contre 2,8 milliards de mètres cubes en 2016 (figures 4.2 et 4.3). Le scénario « Intensification » prévoit des prélèvements plus élevés, notamment dans les gros bois et par l'introduction d'un plan de reboisement qui consiste d'abord à couper les peuplements à reboiser. Malgré le caractère très énergique de ces pratiques de récolte, le stock sur pied continue d'augmenter jusqu'à 3,6 milliards de mètres cubes de bois fort tige en 2050, ce qui souligne la force et l'inertie de la tendance actuelle à la capitalisation. Ces évolutions à la hausse reflètent en outre le caractère durable des prélèvements simulés dans les trois scénarios.

Figure 4.2. Répartition du stock sur pied et des disponibilités par catégorie de diamètre selon le scénario de gestion en 2015 et 2050 (en Mm³/an, volume bois fort tige).

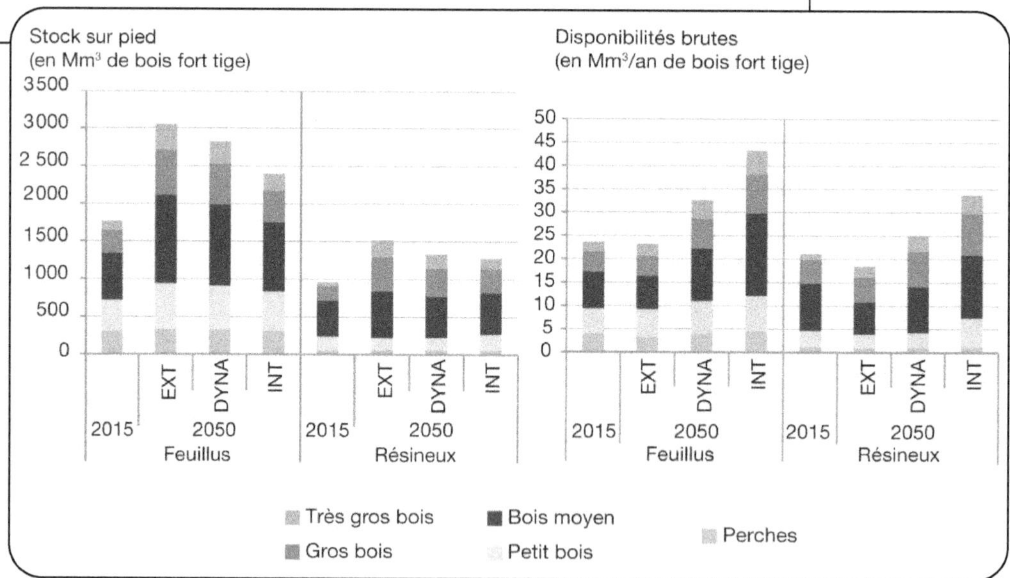

L'augmentation du stock concerne essentiellement les feuillus et la forêt privée. Dans les trois scénarios de gestion, le volume de gros et de très gros bois continue d'augmenter fortement, y compris dans le scénario « Intensification » où l'effort de récolte est pourtant concentré sur eux. En matière de stocks et de disponibilités, la mise en œuvre d'un plan de reboisement progressif de 500 000 ha étalé sur dix ans se traduit par un pic de récolte conjoncturel pendant la décennie de coupes rases et de reboisements, alors que le surplus de disponibilités lié aux nouvelles plantations n'arrive que progressivement et n'est sensible qu'au-delà de 2050.

Dans ce contexte, où l'on ne considère pas les effets de l'évolution du climat sur la période étudiée, mais uniquement l'évolution de la gestion forestière, la production biologique des feuillus suivrait une tendance à la hausse du fait de la relative jeunesse des peuplements : de 90 millions de mètres cubes par an (volume aérien total), elle progresserait jusqu'à 110 à 130 millions de mètres cubes par an en 2050 selon le scénario de gestion. Liée à l'arrivée en production de vastes surfaces jeunes, cette progression signifie une accélération du phénomène de capitalisation quel que soit le mode de gestion mis en œuvre. Ces résultats peuvent amener à penser, d'une part, qu'il y aurait place pour une politique forestière dynamique compte tenu de la dynamique actuelle d'accumulation, et, d'autre part, que celle-ci serait compatible avec le maintien d'un important stock de gros bois (avec la biodiversité qui leur est associée).

Figure 4.3. Répartition du stock sur pied et des disponibilités par type de propriété selon le scénario de gestion en 2015 et 2050 (en Mm³/an, volume bois fort tige).

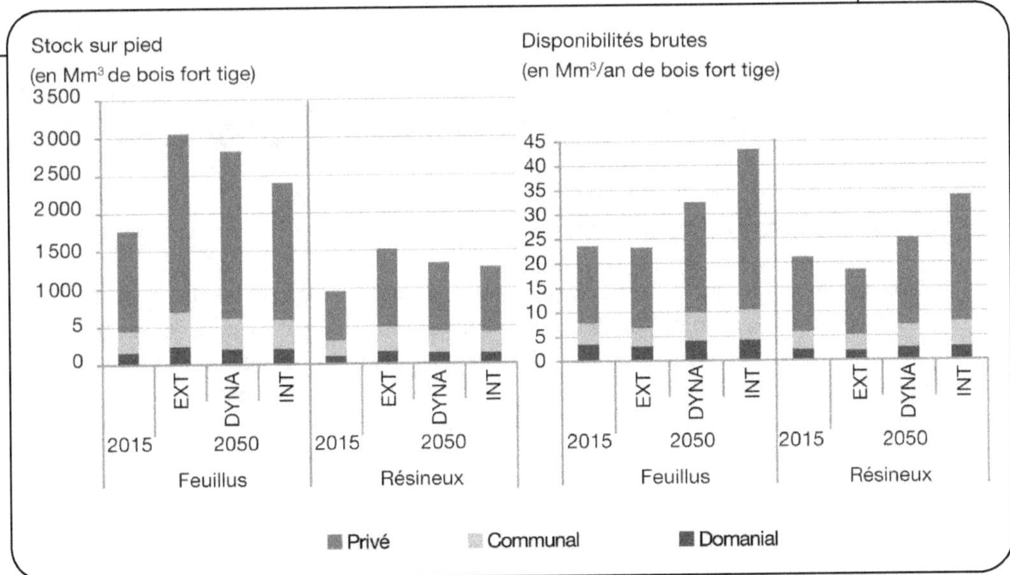

▌ Différenciation du stockage de carbone en forêt selon les scénarios

Sur ces bases, le stockage annuel dans l'écosystème (biomasse, bois mort et sol), qui est en début de période (2016)[17] proche de 85 $MtCO_2$eq/an, pourrait diverger fortement entre les trois scénarios de gestion (figure 4.4). En progression régulière jusqu'à 132 $MtCO_2$eq/an en fin de période (2046-2050) dans le cas du scénario « Extensification », il pourrait être en augmentation moins prononcée pour le scénario « Dynamiques territoriales » (96 $MtCO_2$eq/an) et en légère diminution dans le scénario « Intensification », qu'il soit implémenté avec ou sans plan de reboisement (environ 62 $MtCO_2$eq/an).

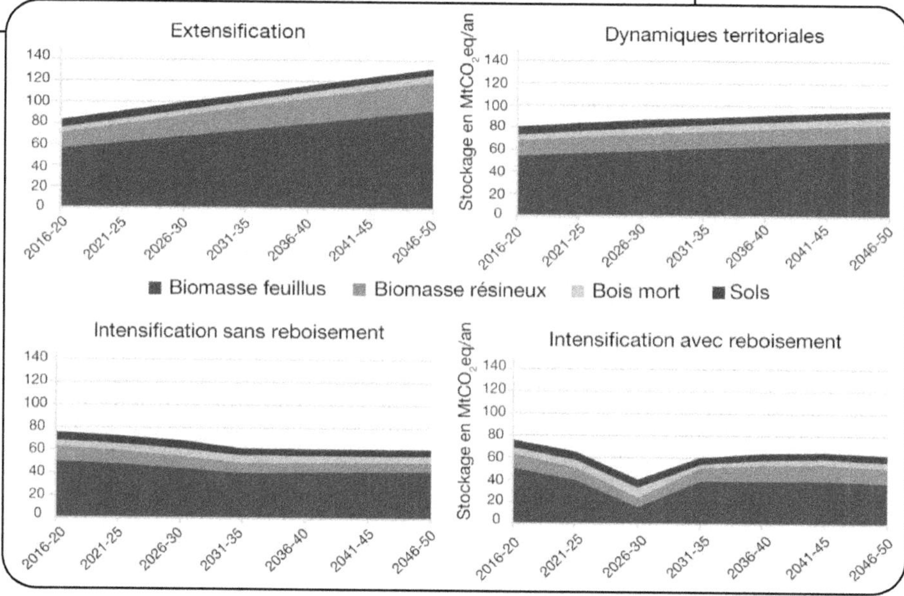

Figure 4.4. Évolution du stockage annuel de carbone dans l'écosystème forestier français sur la période 2016-2050, selon les trois scénarios de gestion (en $MtCO_2$eq/an).

Dans ce dernier scénario, lorsque l'on prend en compte le plan de reboisement, la perte induite par la concentration des coupes rases entre 2021 et 2030 est rapidement compensée dans les décennies suivantes. En revanche, l'horizon 2050 est trop proche pour que puissent apparaître les bénéfices de ces nouvelles plantations sur le stockage annuel de carbone. Comme on l'a vu au cours du chapitre 3, ces bénéfices n'apparaîtraient vraiment qu'après 2050 et culmineraient vers 2070. Le faible gain de ces plantations est également lié aux

---

17. L'année de référence étant pour ces projections l'année 2016 (et non l'année 2013 comme dans la figure I.1), les valeurs initiales de stockage de carbone dans la filière forêt-bois française ne sont pas exactement celles qui ont été reportées dans la figure I.1.

critères retenus pour élaborer le plan de reboisement. En imposant une forte contrainte d'accessibilité et en se concentrant sur les peuplements en impasse sylvicole (annexe), ce plan ne concernerait pas obligatoirement les surfaces les moins productives et rendrait l'objectif de + 10 m³/ha/an difficilement atteignable. Le gain escompté de ce plan serait donc plus faible que ce qui était envisagé dans le narratif du scénario (chapitre 3).

▌ Sensibilité des résultats aux hypothèses sur les processus de croissance des peuplements forestiers

Ces dynamiques de stockage de carbone montrent que la forêt française n'est pas dans une situation d'équilibre, mais qu'elle suit une tendance à l'augmentation du capital sur pied. Cependant, avec la spécification actuelle des outils disponibles, dont on peut souligner la robustesse pour des horizons de projection proches (2030-2035), mais aussi les limites pour des projections plus lointaines, cette tendance continue à la croissance apparaît peu compatible avec le vieillissement des peuplements forestiers. En effet, en conservant en l'état les processus de croissance des stocks sur pied, la projection du stock moyen à l'hectare atteindrait à l'horizon 2050 des valeurs assez peu réalistes, notamment dans le cas du scénario « Extensification » – 270 m³/ha en moyenne au niveau national, contre 170 m³/ha actuellement. Ce niveau de stock moyen simulé en 2050 serait largement supérieur à celui des forêts domaniales (190 m³/ha), globalement stable depuis 1980 et jugé caractéristique des forêts gérées en France métropolitaine.

Ce constat nous a conduits à tester les effets d'une meilleure prise en compte des situations de compétition intra-peuplement, qui tendrait à s'accroître avec la densification des peuplements. En effet, l'une des limites à long terme du modèle Margot est liée à la calibration des paramètres de dynamique (croissance, mortalité, etc.) reposant uniquement sur des données d'observation associées à un contexte donné, celui actuellement en place. Mais, si ce contexte change dans le temps (augmentation forte du volume sur pied, modification des facteurs environnementaux, changement de pratiques sylvicoles, etc.), les paramètres dynamiques devraient également évoluer. C'est cette situation qui n'est actuellement ni modélisée ni simulée. La version densité-dépendance du modèle Margot qui fait l'objet de travaux de recherche au sein de l'IGN a donc été testée ici, rendant les paramètres de croissance (vitesse de passage d'une tige d'une classe de diamètre à la suivante) et de recrutement dépendants de la densité relative des peuplements, de façon à respecter une loi de saturation de la production à l'échelle du peuplement.

L'introduction de cette dépendance de la croissance à la densité dans les simulations s'apparente à une analyse de sensibilité des résultats précédents. Les évolutions de la capacité de stockage de la forêt française s'en trouvent largement modifiées (figure 4.5). Sans changer la hiérarchie des scénarios, l'écart entre eux se resserre fortement : la progression de la vitesse annuelle de stockage ne serait plus que de 25 % (contre 60 % précédemment) dans le scénario « Extensification » entre 2016 et 2050 ; elle resterait stable avec le scénario « Dynamiques territoriales » et sa chute serait légèrement plus accentuée dans le scénario « Intensification ».

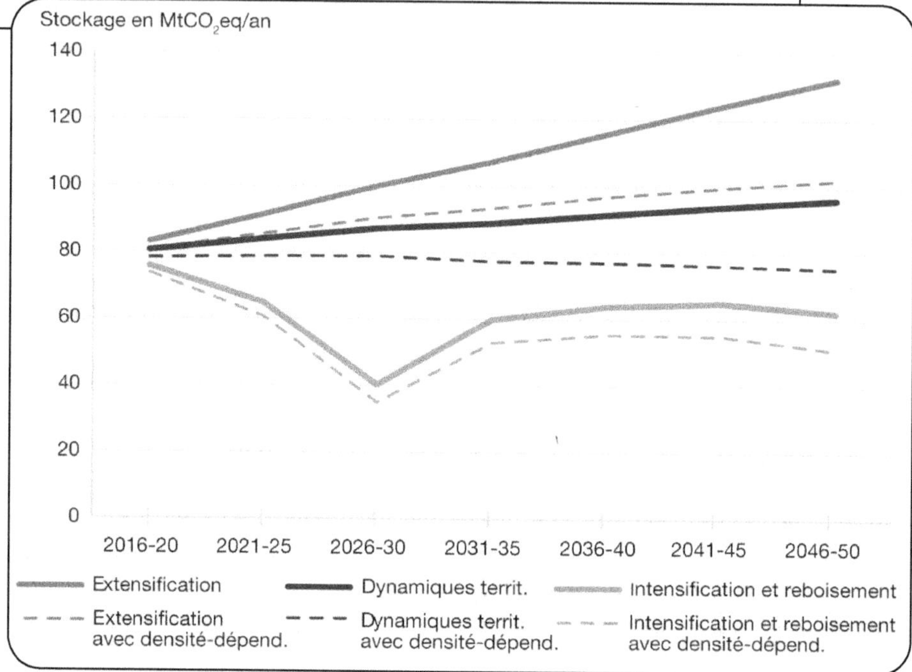

Figure 4.5. Stockage annuel de carbone dans l'écosystème forestier sur la période 2016-2050 et selon les trois scénarios de gestion, avec test de l'introduction d'une densité-dépendance (dd) dans le modèle Margot (en MtCO$_2$eq/an).

Finalement, l'écart dans le rythme de séquestration annuelle de carbone dans les écosystèmes forestiers français, qui serait en 2046-2050 de 36 MtCO$_2$eq/an entre le scénario « Extensification » et le scénario « Dynamiques territoriales » sans prise en compte de la densité-dépendance, serait réduit à 27 MtCO$_2$eq/an si ce phénomène était pris en compte. Cet écart serait également réduit entre les scénarios « Extensification » et « Intensification », puisqu'il pourrait passer de 70 MtCO$_2$eq/an à un peu plus de 50 MtCO$_2$eq/an en faveur du scénario « Extensification » en 2050, si les effets de la densification des peuplements s'exprimaient tels que modélisés ici.

Le faible poids du stockage de carbone dans les produits bois

LE VOLUME DE BOIS VALORISABLE PAR LA FILIÈRE est estimé par différence entre le volume aérien total prélevé et les menus bois, souches, écorces, etc., laissés sur place. Ce volume valorisable a été séparé en trois usages principaux : le bois d'œuvre, le bois d'industrie et le bois-énergie. La distinction des volumes entre usages de bois d'œuvre d'un côté et de bois d'industrie et bois-énergie de l'autre s'appuie sur les pourcentages fixés dans le modèle économique FFSM à partir des statistiques nationales sur la récolte de bois, et leur usage par les industries de la première transformation. Ces taux ont été appliqués aux volumes nets de pertes d'exploitations, lesquelles représentent 8 % du volume de bois d'œuvre, 15 % du volume de bois d'industrie et bois-énergie et 50 % du volume de menus bois.

Comme défini plus haut, les volumes de bois entrant dans la filière différencient fortement les scénarios entre eux. Maintenus presque constants aux environs de 40 Mm³/an pour le scénario « Extensification » en climat actuel, ils passent à près de 60 Mm³/an dans le scénario « Dynamiques territoriales » et dépassent les 70 Mm³/an dans le scénario « Intensification » (figure 4.6). Néanmoins, et contrairement à la logique de certains scénarios de gestion, la ventilation entre types d'usage (bois d'œuvre, bois d'industrie et bois-énergie) n'a pu être différenciée selon la trajectoire : quel que soit le scénario de gestion, c'est environ 38 % des usages qui restent destinés au bois-énergie, 28 % au bois d'industrie et donc 34 % au bois d'œuvre.

Figure 4.6. Répartition des volumes de bois entrant dans la filière en 2015 et en 2050 selon les usages (bois d'œuvre, bois d'industrie et bois-énergie) et les trois scénarios de gestion (en Mm³).

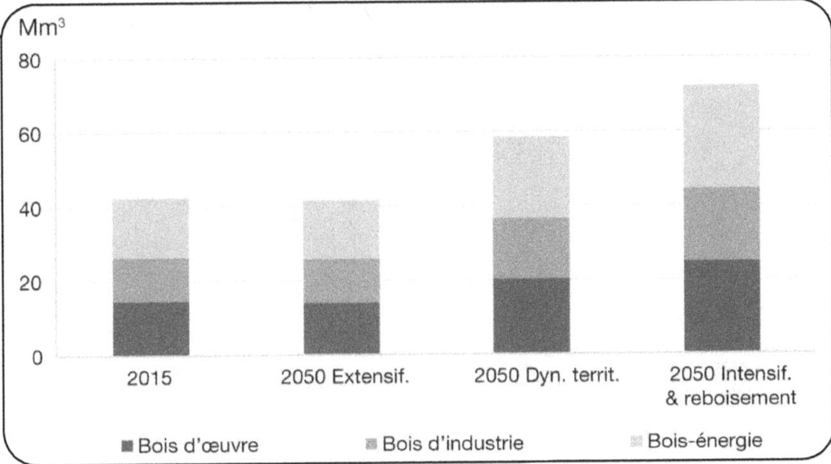

Ainsi, à l'horizon 2050, la progression des récoltes est ici peu contrainte par l'état de la ressource, ni dans l'absolu ni dans sa ventilation par usage. En fait, les usages des bois (et non leur qualité potentielle) dépendent très fortement de la demande provenant de la filière. Cette dernière gagnerait à découler d'une modélisation économique plus explicite, qui pourrait résulter d'un calcul optimal faisant correspondre l'offre et la demande[18].

---

18. Compte tenu de certaines de ses limites méthodologiques actuelles, le modèle FFSM mobilisé au chapitre 5 n'a pas été en mesure de proposer une telle option visant à différencier la structure des usages du bois selon les scénarios.

Seuls les volumes de bois d'œuvre et de bois d'industrie font l'objet d'un stockage en produits bois, et celui-ci doit tenir compte annuellement des pertes dues à la fin de vie des produits bois accumulés antérieurement. Rappelons que les stocks de début de période ont été estimés à 300 MtCO$_2$eq pour le bois d'œuvre et à 80 MtCO$_2$eq pour le bois d'industrie, auxquels on a appliqué des demi-vies de, respectivement, 20 et 5 ans (chapitre 2).

Sous ces hypothèses, le stockage annuel dans les produits reste globalement faible et suit une progression conforme aux taux de prélèvement visés par chacun des scénarios. Quasiment nul sous « Extensification » (où le niveau absolu de prélèvement reste voisin de sa valeur actuelle), il est proche de 3 à 6 MtCO$_2$eq/an dans les deux autres scénarios (figure 4.7). Le pic relevé pour le scénario « Intensification » correspond à la valorisation, principalement sous forme de bois d'industrie, des peuplements rasés dans le cadre du plan de reboisement. Ce niveau reste très faible comparativement au stockage dans l'écosystème.

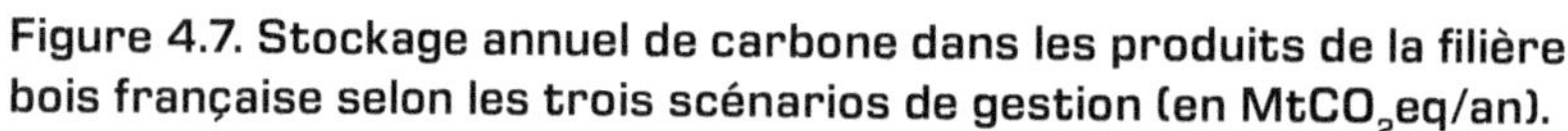

Figure 4.7. Stockage annuel de carbone dans les produits de la filière bois française selon les trois scénarios de gestion (en MtCO$_2$eq/an).

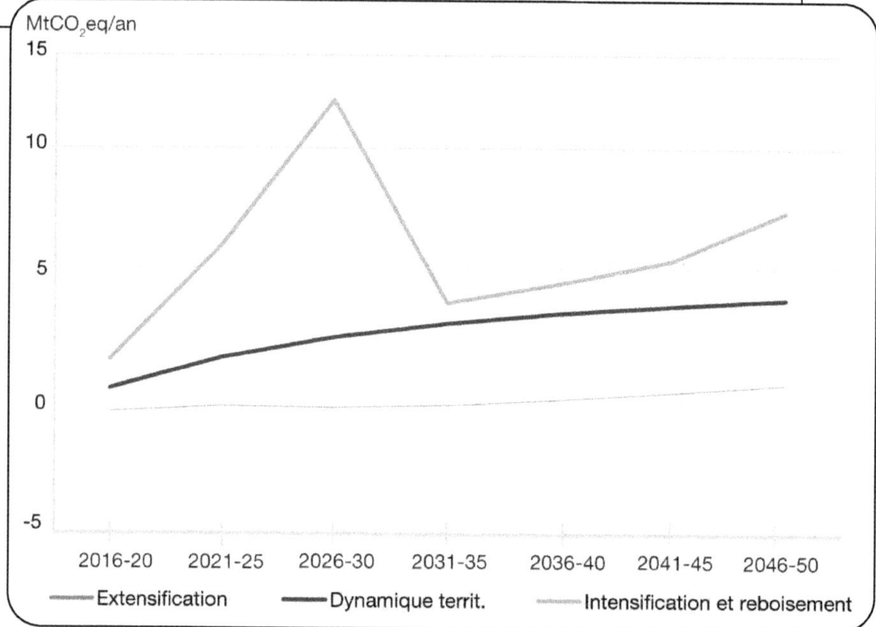

La variabilité des résultats apparaît faible entre les scénarios. Sans doute est-ce dû, en partie, aux hypothèses retenues et dont les limites pour l'étude ont été examinées précédemment (chapitre 1) : demi-vies, rendements à la transformation, ventilation par produits, devenir en fin de vie et recyclage, ainsi que leurs évolutions au cours du temps. Pour améliorer notre estimation, il faudrait procéder à une modification combinée de ceux-ci : stimulation de la demande et structuration de l'offre pour augmenter la part du bois d'œuvre, évolution des types de produits s'orientant vers des produits à plus longue durée de vie, amélioration des technologies augmentant les rendements, etc. Cela mériterait d'être testé, par exemple, avec l'outil CAT de représentation détaillée des flux de carbone dans la filière bois développé par INRAE à Nancy et AgroParisTech (Pichancourt *et al.*, 2018). Comme on l'a évoqué avec la densité-dépendance, il s'agirait de rendre explicite la dépendance de la dynamique de stockage par rapport à l'évolution des usages et de la filière.

L'ampleur des émissions évitées par substitution et des incertitudes associées

AU VU DU FAIBLE POIDS DU STOCKAGE DANS LES PRODUITS BOIS dans le bilan carbone de la filière, c'est avant tout sur les effets de substitution que pèse la contribution de la filière bois à ce bilan. En supposant constants dans le temps les coefficients de substitution retenus pour le bilan carbone actuel présenté au chapitre 3, le niveau des émissions évitées liées à la substitution de produits fortement émetteurs est important, et ce d'autant plus que le niveau des récoltes s'intensifie. Il reste constant aux environs de 36 $MtCO_2$eq/an pour le scénario « Extensification » ; il augmente régulièrement jusqu'à environ 50 $MtCO_2$eq/an dans le scénario « Dynamiques territoriales » (figure 4.8).

Du fait de la mise en œuvre du plan de reboisement, ce niveau d'émissions évitées est plus variable au cours du temps dans le scénario « Intensification ». Après un pic aux environs de 65 $MtCO_2$eq/an pour la période 2026-2030, correspondant à la valorisation, principalement sous forme de bois d'industrie, des bois récoltés lors des coupes rases préalables au reboisement, il progresse en continu de 52 à 66 $MtCO_2$eq/an de la période 2031-2035 à la période 2046-2050. La comparaison entre la simulation faite avec et sans plan de reboisement met en lumière l'impact de celui-ci sur les émissions évitées. En effet, sans plan de reboisement, la progression des émissions évitées suit jusqu'en 2035 l'augmentation des taux de prélèvement, puis devient beaucoup plus lente avec la stabilité des taux de prélèvement. À l'inverse, le plan de reboisement, dont les plantations commencent à entrer en production à la fin de la période étudiée, permet une augmentation de 25 % des émissions évitées entre 2030 et 2050, progression principalement concentrée sur les bois d'œuvre et les bois d'industrie.

Logiquement, compte tenu des coefficients de substitution, attribués, d'un côté, aux bois d'œuvre et bois d'industrie et, de l'autre, au bois-énergie, ainsi que de la part du bois-énergie dans les volumes entrant dans la filière, la substitution est principalement le fait des bois d'œuvre et bois d'industrie.

En cumul sur toute la période 2016-2050, les émissions évitées varient entre 1 250 et 2 000 $MtCO_2$eq selon les scénarios (figure 4.9). L'écart de 60 % que l'on peut relever entre les scénarios « Extensification » et « Intensification » est, comme on le supposait, susceptible de compenser tout ou partie des différentiels de stockage en forêt mis en évidence plus haut entre ces deux scénarios.

Figure 4.8. Évolution des émissions de CO_2 évitées par effet de substitution dû à l'usage des produits bois, sur la période 2016-2050, selon les trois scénarios de gestion (en $MtCO_2$eq/an).

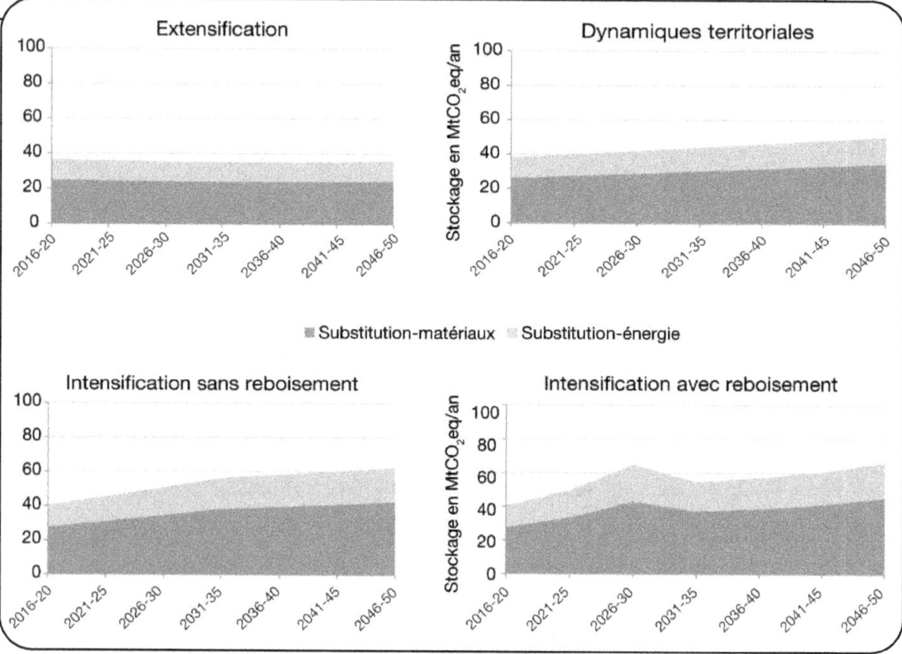

Figure 4.9. Émissions de CO_2 évitées par effet de substitution en cumul sur la période 2016-2050 selon les trois scénarios de gestion (en $MtCO_2$eq).

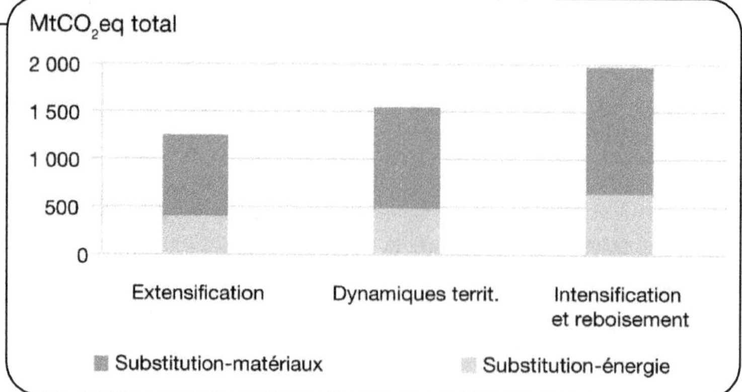

Néanmoins, le niveau des émissions évitées est très dépendant des coefficients de substitution retenus, tout comme de la répartition entre les usages des bois. Ces coefficients sont en outre supposés stables dans le temps. Ils sont ainsi de 0,5 tCO_2/m^3 pour le bois-énergie, avec une plage de variation actuelle telle que repérée dans la littérature allant de 0,37 à 0,64, alors qu'ils sont de 1,6 tCO_2/m^3 appliqués de façon indifférenciée aux produits finis de bois d'industrie et de bois d'œuvre, avec une plage de variation actuelle très importante, allant de 0,59 à 3,47.

On comprend bien que le niveau global des effets de substitution, tel qu'évalué ici, est extrêmement sensible aux valeurs des coefficients de substitution retenues notamment pour le bois-matériaux, sachant que nous n'avons gardé qu'une seule valeur de coefficient quel que soit le type d'usage en bois d'œuvre ou en bois d'industrie. Pris globalement, nos coefficients sont légèrement plus forts que ceux retenus par Rüter *et al.* (2016), mais ils restent encore loin des valeurs extrêmes que nous avons relevées dans la littérature. Les différentiels d'effets de substitution entre scénarios de gestion auraient d'ailleurs été plus marqués si nous avions pu introduire l'augmentation des valorisations en bois d'œuvre, cohérente avec la logique du scénario « Intensification », et si nous avions envisagé une différenciation des coefficients de substitution qui eût été plus favorable au bois d'œuvre.

Une meilleure représentation de la structure des usages (bois d'œuvre, bois d'industrie et bois-énergie) et de sa différenciation selon les scénarios prendrait ici tout son sens. En effet, les catégories de bois (espèce et grosseur) transformées par les différentes industries subissent, depuis une dizaine d'années, de fortes évolutions et fluctuations : le ratio entre les usages énergie et bois d'œuvre pour le hêtre en Allemagne s'est ainsi très rapidement déplacé au profit de l'énergie ; à l'inverse, de nouveaux procédés de production de bois reconstitué permettent de valoriser en bois d'œuvre des billons de petit diamètre qui auraient été consommés comme bois d'industrie.

Le fait de maintenir constante sur toute la période 2016-2050 la valeur des coefficients de substitution affectés tant au bois d'œuvre-bois d'industrie qu'au bois-énergie peut également poser question, sachant qu'il est particulièrement délicat de conclure à la hausse ou à la baisse des coefficients de substitution, sans recourir à une expertise technologique à même d'analyser rigoureusement la ou les façons dont les technologies en concurrence pourraient évoluer d'ici à 2050. Une telle analyse, de nature prospective, se devrait d'envisager simultanément l'évolution des technologies de production des différents produits bois et des produits alternatifs, mais aussi l'émergence de nouveaux usages, substituts à d'actuels produits fortement émetteurs de gaz à effet de serre. On voit bien toute la complexité de procéder à de telles estimations ainsi que toutes les hypothèses qu'elles réclament, ce qui en accroît la fragilité. On atteint là les limites de la pensée prospective quand on cherche à l'appuyer sur des informations quantitatives dont la projection dans le futur introduit de nouvelles incertitudes qui, à l'inverse des incertitudes des connaissances sur les mécanismes biogéophysiques, sont beaucoup plus difficilement réductibles.

Si, de leur côté, Rüter *et al.* (2016) tablent sur une réduction de 20 % des coefficients matériau entre 2010 et 2030, certaines options technologiques et la prise en compte de la rareté des ressources primaires nécessaires à certains produits alternatifs (sable pour la production de béton, par exemple) pourraient amener à nuancer, voire inverser, cette hypothèse. En outre, les scénarios d'intensification des usages de la ressource sont conçus ici autour d'une mobilisation croissante des bois feuillus pour la construction, ce qui devrait avantager spécifiquement la filière forêt-bois française : la densité du bois des feuillus est supérieure d'environ 20 % à celle des résineux, de même pour le coefficient de substitution exprimé en tCO_2/m^3. Par conséquent, même si on peut spontanément penser à une diminution des coefficients de substitution bois-matériaux, leur augmentation pour tout ou partie des matériaux bois n'est pas à exclure. Il est donc difficile de choisir une option plutôt qu'une autre.

Compte tenu de tous ces éléments de discussion, mais aussi des niveaux et de la nature des incertitudes, nous avons choisi de ne retenir qu'un coefficient unique pour le bois d'œuvre et le bois d'industrie (valeur centrale de la fourchette de Sathre et O'Connor) et de le maintenir constant dans le temps. À notre sens, il serait nécessaire, avant toute modification de ces coefficients, d'expliciter la manière dont ces effets de substitution, qui ont montré leur importance dans la contribution de la filière à l'atténuation du changement climatique, sont liés aux technologies adoptées et à celles des industries concurrentes, celles-ci pouvant toutes évoluer dans le temps de façon différenciée selon la logique des scénarios.

Des bilans carbone largement positifs, mais sensibles aux hypothèses et aux paramètres retenus

BIEN QUE RISQUÉ, compte tenu des incertitudes sur les effets du vieillissement et de la densification des peuplements, sur les coefficients de substitution et sur l'absence de contraste dans les usages entre scénarios, les trois bilans carbone obtenus pour la période simulée (2016-2050) en cumulant les différentes composantes analysées ci-dessus sont présentés à la figure 4.10 pour deux versions du modèle Margot, l'une standard et l'autre densité-dépendante.

❚ Une contribution majeure de la filière à l'atténuation du changement climatique

Au total, le bilan carbone de la filière forêt-bois française varie à l'horizon 2050 entre 120 et 170 $MtCO_2eq/an$ (figure 4.10), ce qui est très conséquent lorsqu'on rapporte ce chiffre au total des émissions nationales (environ 350 $MtCO_2eq/an$ aujourd'hui, voir Citepa, 2017).

Figure 4.10. Bilan carbone de la filière forêt-bois pour les trois scénarios de gestion forestière avec la version actuelle du modèle Margot (A, B, C) et la variante densité-dépendante (D, E, F) (en MtCO$_2$eq/an).

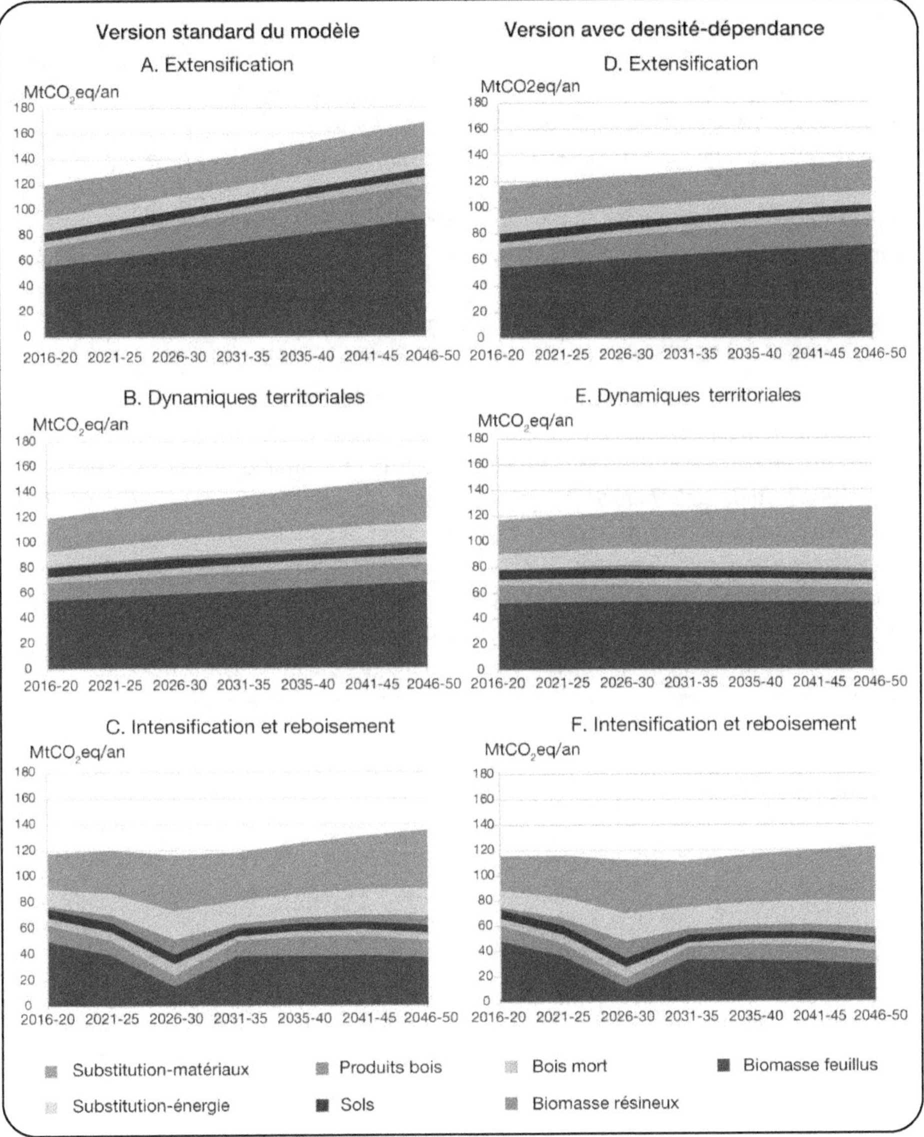

Deux résultats généraux ressortent clairement :
• d'une part, quels que soient le scénario et l'hypothèse retenue en matière de crois-sance forestière, le bilan possède toujours un signe positif, traduisant l'impact favorable de la forêt de métropole sur le bilan des émissions de gaz à effet de serre, y compris dans une large gamme d'hypothèses d'ici à 2050 ;
• d'autre part, le bilan est croissant ou stationnaire sur toute la période. Il est essen-tiel de garder à l'esprit que ce dernier résultat n'est en rien une propriété intrinsèque de l'écosystème forestier, mais découle de deux particularités historiquement contingentes de la ressource forestière française : la jeunesse de la majorité des forêts françaises, héritées de la transition forestière démarrée vers 1830 et qui se poursuit aujourd'hui (Denardou *et al.*, 2018) ; et l'abandon du bois comme commodité centrale de notre éco-nomie (Dangerman et Schellnhuber, 2013), qui a permis la recapitalisation des forêts, entraînant un recours massif à des matériaux et procédés plus émetteurs de gaz à effet de serre (carburants fossiles, béton, acier, aluminium, etc.), ce qui, à rebours, confère à l'usage du bois un bénéfice environnemental *sui generis* (par substitution).

Ce caractère historique du puits de carbone forestier a deux conséquences importantes :
• au-delà de la phase de recapitalisation en cours des forêts, il n'y a pas de raison pour que les échanges de carbone entre forêts et atmosphère continuent de se solder par un fort puits forestier, car le vieillissement progressif des arbres, les dynamiques à la hausse des prélèvements, les contraintes climatiques et les dégâts forestiers récurrents pour-raient l'amoindrir, voire l'inverser ;
• l'usage actuel des produits forestiers et au moins une partie des usages futurs peuvent être crédités d'effets de substitution, car leur existence découle d'un arbitrage entre maté-riaux et procédés et, si l'arbitrage avait été davantage au bénéfice du stock forestier, on comptabiliserait le surplus de stockage comme un bénéfice pour le climat.

▌ Un jeu de compensation entre stockage de carbone en forêt et effets de substitution

Si le contraste entre les trois scénarios de gestion donne, à ce stade de l'analyse, un avantage au bilan carbone des scénarios économes en prélèvements et en usage du bois (figure 4.11, p. 88), le contraste est également marqué en matière de poids relatif du stoc-kage sur pied d'un côté, et des effets de substitution de l'autre :
• sous le scénario « Extensification », la quasi-constance des prélèvements au cours du temps a pour conséquence, d'une part, l'invariance des stocks de bois dans la filière et des bénéfices attendus de la substitution et, d'autre part, l'augmentation rapide des stocks sur pied de résineux et, surtout, de feuillus. La part du stockage dans la biomasse dans le total du bilan croît ainsi fortement au cours des trente-quatre années considérées, tan-dis que celle liée aux effets de substitution diminue en conséquence ;
• sous le scénario « Dynamiques territoriales », les composantes du bilan tendent à garder les mêmes proportions au fil du temps. Le niveau de prélèvements supérieur à celui du scénario précédent se traduit par un ralentissement du stockage en forêt et un

accroissement des effets de substitution, le second étant cependant un peu plus rapide que le premier ;

• sous le scénario « Intensification », la concentration d'une surface importante de coupes rases avant 2030 entraîne une baisse momentanée du stockage dans la biomasse, compensée en partie par les stocks de produits bois et les effets de substitution que leur emploi permet. Le bilan consolidé reste à peu près stationnaire jusqu'en 2035, avant de repartir légèrement à la hausse ensuite.

Dans les trois situations, comme dans la situation actuelle, les éléments dominant le bilan sont d'abord le stockage forestier en feuillus, puis l'effet de substitution-matériau, enfin le stockage forestier en résineux. Les autres termes du bilan, notamment le stockage dans les produits bois ou le bois mort, continuent de jouer un rôle mineur et interviennent comme stabilisateurs en raison des transferts entre compartiments.

À ce stade de l'analyse, ce qui distingue entre eux les trois scénarios de gestion envisagés, c'est autant les niveaux de bilan carbone total que la manière dont celui-ci se répartit entre stockage dans l'écosystème (labile), stock de produits bois et émissions évitées (associés à la sphère économique et très largement pérennes) : le bilan en 2050 du scénario « Extensification » est concentré à 71 % dans l'écosystème, contre 65 % dans la sphère économique pour le scénario « Intensification ». En d'autres termes, la baisse de vitesse de stockage constatée avec le scénario « Intensification », qu'on la regarde en tendance sur toute la période ou, plus ponctuellement, autour de 2030 avec la récolte très concentrée sur de vastes surfaces, est pour partie compensée par les autres composantes du système, ici essentiellement le stock de produits bois et les effets de substitution.

On peut alors penser que le choix politique entre les options de gestion s'appuie autant sur le bilan carbone total de chaque scénario que sur la manière dont chaque bilan global se répartit entre ses composantes et les opportunités ouvertes en matière de développement de la bioéconomie et de ses effets pérennes.

▌ Atténuation des écarts entre scénarios avec des hypothèses de croissance forestière plus réalistes

Avec la version actuelle du modèle Margot (figure 4.10A, 4.10B et 4.10C), on enregistre des évolutions quasiment linéaires des différentes composantes du bilan carbone. Seule la forte perturbation induite par les coupes préalables au déploiement du plan de reboisement rompt pendant quelques années ce comportement, aucune autre inflexion ne venant modifier les patrons très linéaires d'évolutions des autres compartiments. Or, comme on l'a signalé plus haut, le maintien à l'horizon 2050 des mécanismes de croissance de la biomasse forestière à l'identique de ce qu'ils sont aujourd'hui, conduit à des niveaux de stock de bois à l'hectare qui apparaissent peu réalistes, notamment pour le scénario « Extensification ». Ainsi, compte tenu de la relative jeunesse des peuplements forestiers français, il y a probablement lieu de tenir compte d'un infléchissement de leurs capacités de stockage à mesure que les densités de peuplements augmenteront au fil du temps.

L'introduction de cette variante dite « densité-dépendante » induit une inflexion du stockage de carbone dans la biomasse forestière d'autant plus marquée que les prélèvements sont faibles, la densification des peuplements ralentissant la croissance individuelle des arbres (figure 4.10D, 4.10E et 4.10F). Cette inflexion est assez prononcée dans le scénario « Extensification », le taux de croissance du stockage de carbone dans la biomasse forestière se ralentissant assez fortement. Elle se traduit par une quasi-stabilisation du stockage de carbone dans la biomasse forestière dans le cas du scénario « Dynamiques territoriales » et par un certain essoufflement de la reprise du stockage dans la biomasse quand il y a « Intensification ». Sous ce dernier scénario, la moindre densité des peuplements stimule la croissance individuelle des arbres, ce qui permet une assez bonne conservation de la productivité au niveau du peuplement (Houllier, 1991).

Cette différence dans la dynamique du stockage dans l'écosystème se traduit par une divergence majeure entre les deux versions du modèle : la version standard amplifie les différences au cours du temps, tandis que la variante densité-dépendante les atténue. Ainsi, avec la version standard, les valeurs 2050 varient de 130 et 170 MtCO$_2$eq/an, soit des écarts de + 13 % entre « Extensification » et « Dynamiques territoriales » et de + 42 % entre « Extensification » et « Intensification ». Les bilans carbone des trois scénarios de gestion obtenus avec la variante densité-dépendante, quant à eux, évoluent peu (± 10 %) à l'horizon 2050 : le scénario « Extensification » domine le scénario « Intensification » de seulement 10 % et le scénario « Dynamiques territoriales » de 7 %.

Il y a là clairement matière à approfondir les recherches, tant pour préciser le rôle de la compétition entre individus dans les dynamiques de peuplement à des horizons plus lointains que pour l'introduire de façon pérenne dans les modèles dynamiques de ressources forestières, tel Margot.

∎ Des résultats sensibles aux hypothèses sur les coefficients de substitution

Comme on l'a vu lors de la procédure de détermination des paramètres et des coefficients nécessaires à l'établissement des bilans carbone de la filière forêt-bois, un autre facteur d'incertitude pouvant modifier sensiblement le bilan carbone de la filière réside dans la large plage de variation qui se dégage de la littérature consultée, en matière de coefficients à affecter aux effets de substitution (voir tableau 1.5, p. 37). Ils varient en effet entre 0,37 et 0,64 tCO$_2$eq évitées par mètre cube (avec une valeur centrale retenue ici de 0,5 tCO$_2$eq/m³) pour ce qui concerne la substitution bois-énergie, et entre 0,59 et 3,47 tCO$_2$eq évitées par mètre cube pour la substitution bois-matériaux (avec une valeur centrale de 1,6 tCO$_2$eq/m³). On connaît les variables sous-jacentes à ces plages de variation (diversité et nature des produits bois concernés et des produits substituts, technologies de transformation des bois et technologies de production des produits substituts et des ressources renouvelables ou non renouvelables qu'elles mobilisent, etc.). Les débats actuels sur les valeurs des coefficients à retenir compte tenu des caractéristiques de la filière forêt-bois française et de ses substituts se doublent d'une incertitude particulièrement délicate à appréhender sur les évolutions à un horizon de trente ans de la plupart de ses dimensions constitutives des incertitudes actuelles. Rappelons que, face à ces incertitudes, on a fait le choix d'opter pour les valeurs centrales de ces plages de variation (0,5 tCO_2eq/m^3 pour le bois-énergie et 1,6 tCO_2eq/m^3 pour le bois-matériaux). Il y a lieu de s'interroger maintenant sur les effets que la variabilité de ces coefficients pourrait avoir à l'horizon 2050 sur les bilans carbone des scénarios de gestion envisagés, compte tenu du poids de la composante substitution dans les bilans carbone totaux.

On peut tout d'abord s'interroger sur la valeur que nous avons retenue pour la substitution bois-énergie. En effet, d'autres études récentes retiennent des valeurs bien inférieures à la nôtre (du Bus de Warnaffe et Angerand, 2020 ; CGDD, 2018) pouvant aller jusqu'à 0,3 tCO_2eq/m^3 au lieu de 0,5 tCO_2eq/m^3. Compte tenu du poids relativement faible de cet effet de substitution dans les bilans carbone, et surtout de la constance dans le temps de ce poids dans la plupart des scénarios, la prise en compte d'une valeur moindre du coefficient de substitution bois-énergie (par exemple, 0,3 tCO_2eq/m^3) ne modifierait pas la hiérarchie des scénarios et ne changerait que très marginalement les écarts de bilan carbone total déjà observés. Notons néanmoins que, le poids de la substitution bois-énergie étant un peu plus élevé et légèrement croissant dans le scénario « Intensification », l'écart à l'horizon 2050 entre le bilan carbone total de ce scénario et les bilans des deux autres scénarios se creuserait très légèrement si les performances de substitution du bois-énergie étaient moindres que celles envisagées dans les résultats présentés ci-dessus.

La sensibilité des résultats aux hypothèses faites sur les coefficients de substitution relatifs au bois d'œuvre et au bois d'industrie est potentiellement plus marquée, compte tenu du poids de cette composante dans les bilans carbone, de son rôle dans les écarts entre scénarios et de l'ampleur de la plage de variation des coefficients possibles. C'est pourquoi on a procédé à une analyse de sensibilité en optant pour une plage de valeurs allant de 1,0 à 2,2 tCO_2eq/m^3, ce qui correspond à ± 0,6 tCO_2eq/m^3 autour de la valeur de 1,6 tCO_2eq/m^3 retenue pour les calculs antérieurs. Cette plage de valeur reste bien inscrite dans la plage de variation relevée par Sarthe et O'Connors (2010b), sans aller jusqu'à ses valeurs extrêmes.

La figure 4.11 présente les résultats de cette analyse de sensibilité en l'appliquant aux résultats obtenus avec la version standard et la variante « densité-dépendante » du modèle Margot et en envisageant les effets sur les bilans carbone cumulés sur toute la période 2016-2050. Comme on pouvait s'y attendre, toute dégradation des effets de substitution affectés au bois-matériaux se traduirait par un bilan carbone cumulé moins favorable quel que soit le scénario envisagé. À l'inverse, toute amélioration de ces effets de substitution accroîtrait le rôle de la filière forêt-bois dans l'atténuation du changement climatique. Autrement dit, et ce quel que soit le scénario de gestion envisagé, le développement des usages du bois se centrant sur des produits à haut coefficient de substitution favorisera la capacité d'atténuation de l'ensemble de la filière forêt-bois française.

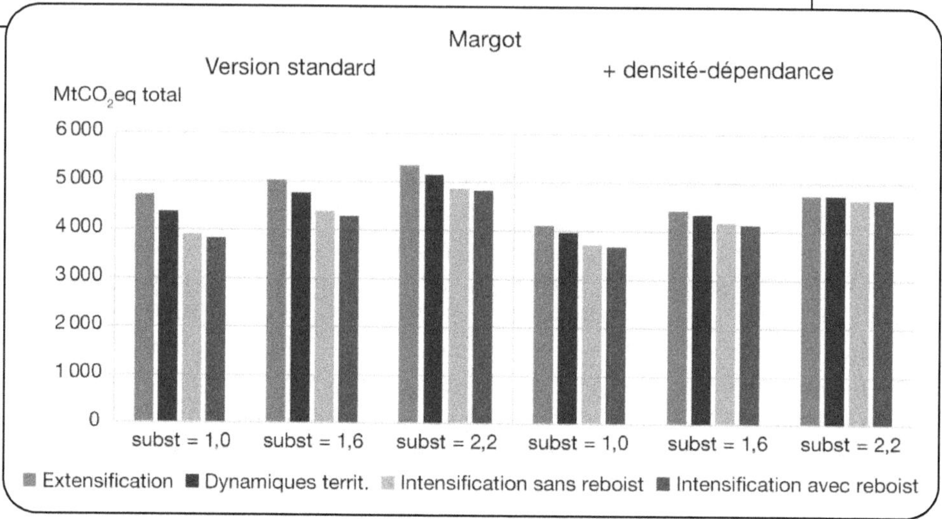

Figure 4.11. Bilan carbone cumulé 2016-2050 des scénarios de gestion envisagés selon l'option prise en matière de densité-dépendance et de valeur retenue pour le coefficient de substitution bois-matériaux (en MtCO$_2$eq).

En toute logique, cet avantage est d'autant plus marqué que le scénario de gestion choisi s'oriente vers une intensification des prélèvements. Ainsi, l'écart entre les bilans carbone des trois scénarios de gestion se réduit assez sensiblement à mesure que les coefficients de substitution bois-matériaux augmentent.

Combinée avec l'effet de la prise en compte de la densité-dépendance de la croissance de la biomasse forestière (qui atténue également les écarts entre scénarios), l'amélioration des coefficients de substitution tendrait même à annuler les différences entre les bilans carbone cumulés des différents scénarios de gestion considérés ici. L'écart de performances entre le scénario « Extensification » et le scénario « Dynamiques territoriales » qui, en cumul sur l'ensemble de la période 2016-2050, s'établirait à environ 2 % en faveur de l'extensification en introduisant l'hypothèse de densité-dépendance, s'annulerait totalement si le coefficient de substitution bois-matériaux passait de 1,6 à 2,2 tCO$_2$eq/m³ et s'établirait à environ 4 % dans le cas inverse d'une baisse de ces mêmes coefficients de substitution à 1,0 tCO$_2$eq/m³. L'écart, un peu plus conséquent entre le scénario « Extensification » et le scénario « Intensification » (de l'ordre de 7 % entre les bilans cumulés obtenus avec prise en compte de la densité-dépendance et des coefficients de substitution bois-matériaux de 1,6 tCO$_2$eq/m³), deviendrait infime avec des coefficients de substitution améliorés (1,5 % si les coefficients de substitution passaient à 2,2 tCO$_2$eq/m³) et augmenterait significativement en cas de dégradation de cet effet de substitution (12 % d'écart pour des coefficients de substitution de 1,0 tCO$_2$eq/m³).

Au terme de cette analyse, il apparaît que toute conclusion donnant un net avantage en matière de bilan carbone au scénario d'une extensification des prélèvements, au vu des résultats bruts des simulations réalisées ici, serait quelque peu hâtive. Ces résultats bruts sont en effet extrêmement sensibles aux hypothèses adoptées dans la façon de modéliser les processus de croissance forestière et d'estimer les quantités d'émissions évitées grâce à la substitution par des produits bois (bois d'œuvre et bois d'industrie) de produits-substituts plus émetteurs de gaz à effet de serre. L'incertitude relative à la croissance forestière est potentiellement réductible par une amélioration de la modélisation s'appuyant sur des connaissances scientifiques supplémentaires : la prise en compte d'une possible limitation des capacités de croissance liée au vieillissement des peuplements forestiers réduit, on l'a vu, assez sensiblement les écarts entre scénarios. L'incertitude relative aux valeurs futures des coefficients de substitution est, quant à elle, plus délicate à anticiper. Au-delà des « erreurs de mesure » difficilement évitables ici, elle dépend très nettement des trajectoires technologiques que suivront les différentes filières concernées, des évolutions qui interviendront dans les usages des produits bois et des politiques publiques qui guideront ou aideront les uns et les autres dans leurs choix de transition. Certaines de ces évolutions peuvent, comme on vient de le voir, aller jusqu'à annuler tout écart de bilan carbone entre les trois scénarios de gestion envisagés.

Ainsi, les résultats sont eux-mêmes sensibles non seulement aux propriétés du modèle dynamique retenu, mais aussi à la pertinence des hypothèses et des paramétrages retenus pour évaluer les différentes composantes du bilan carbone et leurs évolutions temporelles. Des travaux complémentaires et des analyses de sensibilité plus fouillées pourraient être envisagés pour étudier les effets, à l'horizon 2050, des modifications du climat et des pratiques de gestion forestière, ainsi que leurs interactions, sur la séquestration de carbone dans les sols et dans le bois mort. Les représentations plus explicites portant soit sur le comportement des acteurs forestiers et des premiers transformateurs (grâce à des évolutions de modèles économiques de type FFSM), soit sur les flux de carbone dans la sphère économique (allocation des récoltes aux usages bois d'œuvre/bois d'industrie/bois-énergie, différentes étapes de transformation, recyclage, devenir en fin de vie) permettraient de construire des scénarios d'évolution des paramètres liés aux produits bois et leurs usages (effet substitution) au cours de la période de simulation.

5. Freins et leviers économiques à la mise en œuvre des scénarios de gestion forestière

Le modèle économique FFSM (encadré 5.1) permet une analyse économique des scénarios de gestion envisagés et propose ainsi des pistes pour mettre en place des instruments de politiques publiques visant à orienter la dynamique des filières vers des trajectoires qu'elles ne suivraient pas sans incitation.

> **Encadré 5.1. Adaptation du modèle FFSM pour simuler les scénarios « Extensification » et « Intensification ».**
>
> FFSM (*French Forest Sector Model*, « modèle du secteur forestier français ») est un modèle représentant explicitement la filière forêt-bois française de la façon la plus exhaustive possible. C'est un modèle récursif (avec un pas de temps annuel) et modulaire. Il est construit autour d'un premier module économique décrivant les marchés du bois, qui s'articule à un deuxième (dénommé « ressources ») représentant la dynamique forestière et à un troisième décrivant la gestion des surfaces forestières, auquel s'ajoute un dernier module de comptabilité carbone (Caurla et Delacote, 2013 ; Caurla *et al.*, 2010). La force du modèle réside dans l'interconnexion entre ces différents modules.
>
> Le module « ressources », dont les paramètres ont été calibrés afin de les rendre identiques à ceux utilisés par Margot, représente la ressource forestière nationale désagrégée selon trois critères de stratification (régions, essences, types de gestion) et treize classes de diamètre. Il fournit au module « marché » les volumes annuels disponibles en forêt en vue de déterminer l'offre de produits bois.
>
> Le module « marché » est un modèle économique en équilibre partiel, représentant l'offre de trois produits « bruts » (bois d'œuvre feuillus, bois d'œuvre résineux, bois industrie/bois-énergie) et la demande en six produits transformés (sciages feuillus, sciages résineux, placages, panneaux, pâte et bois-énergie) pour chaque région administrative française. La « transformation » d'un produit « brut » s'effectue à travers une fonction de production de type Léontief (c'est-à-dire à coefficients *input-output* fixes) qui représente explicitement les coûts de transformation. Le calcul de l'équilibre économique permet d'établir un prix, une quantité offerte et une quantité consommée pour chaque produit et dans chaque région. Le modèle détermine également une quantité optimale de produits bois échangés, d'une part,

entre régions françaises en fonction d'un gradient de coûts de transport et, d'autre part, entre chaque région française et le reste du monde.

Le module « marché » transmet deux informations essentielles aux modules « ressources » et « gestion des surfaces forestières ». D'une part, il traduit l'offre calculée en niveau de récolte au module « ressources » afin d'intégrer la récolte anthropique dans la dynamique forestière. D'autre part, le prix qu'il a calculé est transmis au module « gestion des surfaces forestières » qui représente les gestionnaires forestiers sous la forme d'un modèle multi-agents. Les gestionnaires y sont modélisés comme des agents économiques rationnels (c'est-à-dire maximisateurs de profit) et hétérogènes pour : le niveau de gestion « active » de leur ressource, le degré d'aversion aux risques et leur type d'anticipations relatives au changement climatique et aux prix futurs. Selon ses caractéristiques propres, chaque agent représentatif utilise l'information à sa disposition (prix des produits, informations climatiques) pour attribuer les surfaces forestières libérées par les récoltes à une combinaison essence-type de gestion susceptible de maximiser le revenu anticipé par hectare. Une fois la surface régénérée connue, elle intègre à nouveau le module « ressources ».

Adaptation des paramètres de FFSM aux scénarios de développement de la filière

Parmi les très nombreux paramètres mobilisés en entrée de FFSM, certains ont été modifiés pour les adapter aux évolutions de comportement des acteurs envisagés par les deux scénarios simulés dans ce chapitre.

Ainsi, par exemple, pour tenir compte du caractère plus « passif » des gestionnaires forestiers dans le scénario « Extensification », on a ramené à seulement 20 % leurs surfaces forestières faisant l'objet d'une gestion « active », alors que, dans le scénario « Intensification », le coefficient initial de gestion active est fixé à 70 %, la surface gérée de manière active n'étant connue qu'à la fin de la simulation. De même, le faible degré d'anticipation des gestionnaires en scénario « Extensification » est représenté par des paramètres d'anticipation de l'ordre de 0,2, tant pour les prix futurs que pour le climat, sachant que des paramètres proches de zéro représentent un agent « myope », c'est-à-dire prenant ses décisions pour le futur en fonction des seules informations de l'année *t*. Leur paramètre d'aversion aux risques est doublé par rapport à la situation actuelle. À l'inverse, les gestionnaires forestiers sont plus « éclairés » quant aux évolutions du climat et des prix (leurs paramètres d'anticipation étant proches de 1, fixés à 0,9) et leur paramètre d'aversion aux risques est très fortement réduit par rapport à la valeur moyenne.

Limites de FFSM pour ce type d'étude

FFSM est un modèle plus spécifiquement conçu pour réaliser des analyses théoriques. Même si le modèle est, dans la mesure du possible, calibré en utilisant des données réelles, il intègre des comportements économiques théoriques et stylisés. D'une manière générale, un modèle comme FFSM est utilisé pour mettre en évidence l'ordre de grandeur et les déterminants économiques d'un phénomène, ainsi que la sensibilité d'un mécanisme à la valeur d'un paramètre économique.

Sa portée est donc nettement plus analytique que prédictive, contrairement à certains modèles économétriques. Ce modèle est le plus souvent utilisé pour comparer les valeurs relatives des variables de sortie de nature économique (prix, quantités offertes, demandées, surplus) selon différents scénarios, et pour examiner la nature et l'ampleur des instruments de politiques publiques qu'il serait nécessaire de mettre en place pour orienter la dynamique des filières vers des trajectoires qu'elles ne suivraient pas « spontanément ». Si une analogie peut être avancée entre les modèles économiques et ceux des sciences de l'atmosphère, un modèle comme FFSM peut s'apparenter à un modèle climatique, tandis que les modèles économétriques s'apparenteraient aux modèles météorologiques. Un modèle climatique n'a pas valeur de prédiction, mais permet de mettre en évidence les déterminants des changements climatiques et d'en analyser la sensibilité à différents paramètres à travers l'étude de différents scénarios alternatifs.

Au-delà de la simulation du scénario « Extensification » dont les résultats ont été utilisés pour déterminer les prélèvements introduits dans Margot, on a cherché à simuler avec FFSM le scénario « Intensification ». Pour mettre en contraste ces deux scénarios, certains paramètres du modèle ont tout d'abord été modulés pour les adapter à plusieurs des hypothèses centrales contenues dans les scénarios.

Hypothèses de simulation des scénarios « Extensification » et « Intensification »

En matière de comportements des acteurs, le scénario « Extensification », tel que simulé par FFSM, est caractérisé par des gestionnaires forestiers plus passifs (la part de leurs surfaces forestières soumises à une gestion « active » se réduit considérablement par rapport à la situation actuelle), anticipant moins bien qu'aujourd'hui les risques qu'ils encourent tant sur le climat que sur les prix (leurs décisions ne s'appuient que sur leurs connaissances actuelles des conditions de production et de marché, ils n'anticipent pas les conditions futures). L'offre de bois ne dépend pas du stock forestier, même si celui-ci s'accroît (l'élasticité de l'offre aux chiffres sur le stock mesuré par l'inventaire forestier est égale à o), de sorte qu'une accumulation en forêt ne se traduit pas par une augmentation de l'offre. À l'inverse, le scénario « Intensification » est caractérisé par des gestionnaires plus actifs qu'aujourd'hui (leur gestion se fonde davantage sur un raisonnement de maximisation des profits, et la part des surfaces forestières soumises à une gestion active augmente). Leur aversion aux risques (climatiques et prix) est plus faible que la valeur moyenne et les gestionnaires forestiers sont plus « éclairés » qu'aujourd'hui quant aux modifications biologiques induites par les changements climatiques. En outre, l'offre de bois dépend, dans ce cas, positivement de l'évolution du stock forestier : lorsque le stock s'accroît, l'offre est plus abondante, alors que lorsqu'il décroît, la récolte est ralentie afin de maintenir un capital sur pied suffisant pour les récoltes futures, suivant une hypothèse classique en économie des ressources naturelles.

La mise en œuvre de ces deux scénarios dans FFSM diffère également sur un point central, celui des incitations nécessaires à leur application. S'il n'y a aucune politique de soutien à la filière, ni aucune mesure structurelle d'aides à la transformation, au transport ou à l'investissement dans le scénario « Extensification », les politiques publiques introduites pour tenter de simuler le scénario « Intensification » ont pris deux formes : d'une part, celle de subventions directes à la consommation et à la production de produits bois et, d'autre part, celle de mesures « structurelles » visant à réduire les coûts de la transformation, du transport ou de l'investissement en forêt. Enfin, le plan de reboisement du scénario « Intensification » est intégré en tenant compte de la maximisation du profit et, donc, en favorisant les essences les plus productives. Ainsi, dans la tentative de simulation du scénario « Intensification », ces instruments de politiques publiques constituent des variables d'ajustement. Elles sont calibrées en « contrôlant » trois variables d'état : le volume supplémentaire à produire à l'horizon 2050 (environ + 45 Mm³) à l'échelle nationale ; l'objectif de ne pas décapitaliser (c'est-à-dire de ne pas récolter plus que l'accroissement naturel) ; et la surface à reboiser : + 50 000 ha/an à partir de 2020.

Les freins à la croissance des prélèvements tels qu'attendus dans le scénario « Intensification »

EN S'APPUYANT SUR L'ENSEMBLE DE CES HYPOTHÈSES, et en visant les objectifs définis pour le scénario « Intensification », on obtient avec FFSM les niveaux de prélèvements reportés dans le tableau 5.1. Ils sont plus proches de ceux retenus par Margot pour le scénario « Dynamiques territoriales » que de ceux visés pour le scénario « Intensification ». Sauf dans le cas des phases de coupes définitives liées à la mise en œuvre du plan de reboisement (périodes 2021-2025 et 2026-2030), les volumes prélevés annuellement sont même un peu inférieurs à ceux obtenus dans le scénario « Dynamiques territoriales » à l'horizon 2050.

L'écart important entre les résultats obtenus après simulation et les objectifs affichés par le scénario d'une forte augmentation des prélèvements s'explique par certaines des caractéristiques du modèle FFSM.

Tout d'abord, la structure industrielle de la filière représentée dans FFSM ne peut évoluer au cours du temps du fait de l'absence d'un module spécifiquement dédié aux investissements dans les secteurs de la transformation. Celui-ci est peu pertinent pour des simulations à horizon proche, mais son intérêt augmente à mesure que l'horizon temporel s'éloigne. Dans cette situation, l'appareil productif et sa capacité de transformation restent les mêmes et il n'y a pas de rendement d'échelle.

Tableau 5.1. Évolution (2016-2050) des prélèvements annuels obtenus par FFSM pour le scénario « Intensification », comparaison avec les données utilisées pour le scénario « Dynamiques territoriales » (en Mm³/an, volume aérien total).

	2016-2020	2021-2025	2026-2030	2031-2035	2036-2040	2041-2045	2046-2050
« Intensification avec plan de reboisement » (résultats FFSM)	63,96	77,35	96,16	71,64	72,76	76,17	79,55
« Intensification sans plan de reboisement » (résultats FFSM)	63,96	69,84	70,18	73,96	74,9	77,89	80,20
« Dynamiques territoriales » (données Margot)	64,84	68,00	71,32	74,76	78,13	81,45	84,76

Parallèlement, et comme c'est souvent le cas dans les modèles économiques, les élasticités-prix de l'offre et de la demande sont supposées constantes. En fait, ces paramètres peuvent évoluer de façon importante, soit « spontanément », comme cela semble être le cas actuellement (la préférence pour les produits bois devenant progressivement plus prégnante), soit au gré des incitations, monétaires ou non, mises en place. Par exemple, dans le cas de la consommation de bois-énergie, avec une politique de subvention à l'achat de chaudière bois, la fonction de demande tend à se rigidifier (la demande devient moins élastique), les consommateurs se retrouvent dans une situation de « verrouillage technologique » (ou *lock-in effect*) puisque, quel que soit le prix du bois-énergie, ils en consommeront du fait de l'importance de l'investissement que représente l'achat d'une chaudière.

En l'absence de ces formes de souplesse de la structure industrielle et des comportements dans le modèle, le « domaine de validité » de FFSM est limité par des types de soutiens publics qui ne modifient ni les comportements, ni les caractéristiques structurelles de la filière. C'est cela qui empêche la simulation FFSM d'atteindre l'objectif du niveau de prélèvements défini *a priori* pour ce scénario et le limite à celui utilisé pour le scénario « Dynamiques territoriales ».

Ce résultat, techniquement contraint, a cependant une signification empirique importante. En effet, il met en lumière les limitations économiques actuelles de la filière forêt-bois française qui, sans une évolution importante de ses structures industrielles et de ses capacités de production et de transformation, et sans une stimulation des préférences des consommateurs pour les produits bois, serait bien en mal d'absorber spontanément la forte augmentation des prélèvements envisagés dans le scénario « Intensification ».

Les efforts collectifs nécessaires pour accroître les niveaux de production

IL APPARAÎT DONC DIFFICILE ÉCONOMIQUEMENT D'ATTEINDRE, sans modification de la structure industrielle et des comportements des acteurs, les objectifs de niveau de prélèvements fixés dans le scénario « Intensification ». En l'absence de ces évolutions structurelles et pour tendre vers cet objectif, le modèle FFSM intègre un soutien de la filière *via* un système d'incitations de diverses natures. Mais, même en poussant jusqu'à 6 milliards d'euros à l'horizon 2050 le total des incitations et des soutiens octroyés à la filière (tableau 5.2), le volume de la récolte attendu ne peut, sans modification structurelle, aller au-delà de celui du scénario « Dynamiques territoriales » qui, lui, maintient le taux de prélèvement actuel.

Tableau 5.2. Soutiens publics et incitations introduites dans FFSM pour tenter d'aller vers le scénario « Intensification avec plan de reboisement » (climat actuel, sans risque, en millions d'euros).

	2015	2020	2030	2040	2050
Soutien à l'investissement en forêt	0	23	24	27	30
Soutien à l'offre	0	625	926	1 279	1 818
Soutien au transport	0	5	10	10	17
Soutien à la transformation	0	434	941	990	1 634
Soutien à la demande	0	1 073	1 523	2 036	2 522
Total	0	2 159	3 424	4 343	6 021

Pour orienter la filière vers une telle augmentation de ses volumes de production, FFSM s'appuie donc sur plusieurs types de soutiens et d'incitations visant les différents stades de la filière (investissement en forêt, soutien à l'offre, au transport, à la transformation et à la demande). Parmi eux, les subventions directes à la consommation (c'est-à-dire les subventions qui, en absence d'une modification des préférences des consommateurs, diminuent les prix d'achat), avec plus de 40 % du total, seraient les incitations les plus coûteuses. Comme classiquement, de telles subventions constituent cependant un « effet d'aubaine » qui explique une partie importante de leur coût. Celui-ci intègre le subventionnement de comportements de consommation qui auraient eu lieu même si aucune subvention n'était mise en place. Dans le cas d'une subvention à la consommation, c'est toute la consommation qui est subventionnée, et non uniquement la consommation « additionnelle ». Les aides à la transformation et les incitations visant à stimuler l'offre (c'est-à-dire celles qui confortent les prix de vente) constituent l'autre part importante des soutiens et des incitations nécessaires pour que la filière puisse absorber un tel surcroît de production. Elles représentent respectivement 30 % et 26 % du total. Les premières concernent directement les structures industrielles de la filière et peuvent accompagner l'évolution de leurs coûts de production (sans pour autant, compte tenu de la nature du modèle et des hypothèses, remettre à plat l'organisation et le mode de fonctionnement du tissu industriel). Les secondes s'adressent aux propriétaires forestiers pour les inciter à offrir à la vente leurs bois sur pied disponibles en forêt.

Compte tenu notamment de l'effet d'aubaine induit par les subventions à la consommation et des rigidités du modèle relatives aux comportements des consommateurs et aux investissements de la filière, la question est de savoir si la réalisation de cet équilibre de marché nécessiterait réellement un tel niveau de soutiens et d'aides. En effet, celui-ci pourrait être au moins en partie atteint en s'appuyant simplement sur des comportements de consommation évoluant spontanément vers les produits bois, soit par prise de conscience de la nécessité d'atténuer le changement climatique, soit en réponse à des aides à l'investissement orientant vers les produits bois. Une stimulation forte et une restructuration de l'appareil productif apparaissent en outre nécessaires pour augmenter les capacités de transformation de la filière et mieux orienter les productions vers les produits à valeur ajoutée élevée et/ou à fort potentiel d'atténuation. Celles-ci passent par un jeu d'incitations publiques ou privées plus strictement orientées vers les investissements dans la filière que vers un soutien direct aux mises en marché.

De l'activation de ces leviers (que les outils mis en œuvre ici ne permettent pas d'intégrer totalement) dépend la possibilité concrète d'augmenter les niveaux de prélèvements de la forêt française et de se rapprocher ainsi des niveaux attendus pour les scénarios « Intensification » et même « Dynamiques territoriales ».

Évolution de l'équilibre emplois-ressources de la filière à l'horizon 2050

Le tableau 5.3 présente les évolutions des quantités de produits bois offertes, consommées, exportées et importées par la filière forêt-bois française à l'horizon 2050 sous les deux scénarios « Extensification » et « Intensification avec plan de reboisement » tels que simulés par FFSM et en distinguant les produits primaires et les produits transformés.

Notons tout d'abord que la somme des volumes des trois produits primaires offerts, bois d'œuvre feuillus, bois d'œuvre résineux et bois d'industrie-bois-énergie, soit 74,4 Mm³ en 2015, est supérieure au volume récolté en forêt présenté précédemment. Cet écart s'explique par le fait que le volume offert ici est en réalité la somme de quatre volumes : le volume récolté en forêt, le volume récolté dans des structures non forestières (par exemple les bocages), la biomasse dont l'origine n'est pas directement forestière (par exemple le recyclage des connexes de scieries pour produire du bois d'industrie-bois-énergie) et, enfin, le bois issu d'arbres morts.

Tableau 5.3. Évolution 2015-2050 des termes de l'équilibre emplois-ressources par produit primaire et produit transformé pour les scénarios « Extensification » et « Intensification » tels que simulés par FFSM.

	Volume 2015 (Mm³)		Scénario « Extensification » Δ 2015-50 (%)				Scénario « Intensification » Δ 2015-50 (%)			
	Prod[1]	Conso[2]	Prod[1]	Import[3]	Conso[2]	Export[3]	Prod[1]	Import[3]	Conso[2]	Export[3]
Bois d'œuvre feuillus	6,3	5,1	+ 7,9		+ 2,0	+ 33,3	+ 50,8		+ 35,3	+ 108
Bois d'œuvre résineux	21,5	20,2	+ 0,0		− 0,5	+ 16,7	+ 26,5		+ 25,2	+ 66,7
Bois d'industrie-bois-énergie	46,6	44,4	+ 4,1		+2,0	+ 45,5	+ 53,2		+ 48,2	+ 154
Sciages feuillus	2,3	2,4	0,0	0,0	+ 4,2		+ 34,8	0,0	+ 37,5	
Sciages résineux	10,7	13,3	− 0,9	− 4,0	− 1,5		+ 25,2	+4,0	+ 20,3	
Panneaux	5,5	7,5	0,0	− 5,0	− 1,3		+ 38,2	+10,0	+ 29,3	
Placages	0,5	0,8	0,0	0,0	0,0		+ 20,0	0,0	+ 25,0	
Pâte à papier	7,2	10,9	+ 4,2	− 2,8	+ 0,9		+ 48,6	0,0	+ 31,2	
Bois-énergie	25,5	25,6	+ 2,0	0,0	+ 1,6		+ 51,4	0,0	+ 51,2	

[1] Pour les produits primaires, la quantité offerte correspond à la quantité entrant dans la filière en amont, quelles que soient son origine (forestière ou non) et sa destination (industries de transformation domestique ou export). Pour les produits transformés, la quantité offerte est la quantité sortant des industries de transformation domestiques (et donc hors les éventuelles importations).

[2] Pour les produits primaires, la quantité consommée est la quantité entrant dans les industries de transformation domestiques, alors que, pour les produits transformés, il s'agit de la demande des industries de seconde transformation, importations incluses.

[3] Le modèle FFSM ne permet de représenter ni les exportations de produits transformés, ni les importations de produits primaires.

Comme on pouvait s'y attendre, le scénario « Extensification » ne modifie que marginalement les équilibres emplois-ressources[19] des différents produits de la filière. À niveau de production inchangé, il y a peu de raisons pour que les équilibres économiques de

---

19. Qui sous-entendent que, pour chaque produit, la somme des emplois (consommation + exportations) égale la somme des ressources (production + importations).

la filière soient profondément modifiés. Seules quelques évolutions sont perceptibles en matière d'exportations, mais elles ne portent finalement que sur de faibles volumes.

Dans le cas du scénario « Intensification » obtenu par FFSM, l'effet combiné des incitations à la demande et à l'offre induit une augmentation conséquente de la production et de la consommation de tous les produits de la filière et un doublement du niveau des exportations, les niveaux d'importations restant, quant à eux, relativement stables. Que ce soit en termes absolus ou relatifs, ce sont les secteurs du bois-énergie et de la pâte à papier qui enregistrent les gains les plus importants, en partie du fait des incitations plus élevées simulées pour ces secteurs. Le jeu des incitations et surtout les inerties du système telles que portées par le modèle ne modifient que très peu la structure des usages : sous ces hypothèses très restrictives, les débouchés resteraient donc massivement concentrés sur, d'une part, le bois-énergie et, d'autre part, le bois d'œuvre issu de résineux, suivis d'assez loin par la pâte à papier et les panneaux[20].

Il est important de noter que la forte augmentation de la consommation des produits bois reste ici compatible avec de faibles niveaux d'importations et une récolte durable sur l'ensemble du territoire français.

Impacts de l'intensification de la gestion sur les résultats économiques de la filière

SI LES BÉNÉFICES QUE PRODUCTEURS ET CONSOMMATEURS peuvent tirer de la situation décrite dans le scénario « Extensification » n'évoluent que peu à l'horizon 2050 par rapport à la situation actuelle (tableau 5.4), il n'en est pas de même pour le scénario « Intensification » simulé par FFSM. Dans ce dernier cas, le surplus[21] total de la filière pourrait être en 2050 de 75 % plus élevé que celui de 2015.

Tableau 5.4. Évolution 2015-2050 des résultats économiques de la filière forêt-bois française pour les scénarios « Extensification » et « Intensification » de FFSM (en millions d'euros).

		2015	2020	2030	2040	2050
Scénario « Extensification »	Surplus consommateurs	5 279	5 324	5 377	5 311	5 245
	Surplus producteurs	1 912	1 921	1 918	1 964	2 024
Scénario « Intensification »	Surplus consommateurs	5 281	6 923	8 023	8 926	10 232
	Surplus producteurs	1 910	2 030	2 091	2 165	2 372

---

20. Même en tenant compte des coefficients de transformation de ces produits, qui sont de 1,53 pour la pâte à papier et de 1,43 pour les panneaux.

21. Le surplus du consommateur est la différence entre ce qu'il est prêt à payer pour un bien et le montant effectivement payé (on parle aussi de « bien-être » du consommateur). Le surplus du producteur est la différence entre le prix auquel il était prêt à vendre le bien et le prix obtenu (le prix d'équilibre).

Cette forte augmentation bénéficierait plus nettement aux consommateurs, avec 95 % de hausse en trente-cinq ans, qu'aux producteurs, avec une croissance n'excédant par les 15 % pour la même période. La mise en place des mesures de politiques publiques envisagées induisant un simple maintien du taux de prélèvement serait ainsi plus favorable aux consommateurs qu'aux producteurs. C'est un résultat important du point de vue de l'acceptation politique de telles mesures.

En sommant l'ensemble des coûts induits par les politiques publiques (tableau 5.3) et les surplus des agents économiques de la filière bois représentés dans le modèle FFSM (tableau 5.4), on pourrait être tenté de conclure que, comparativement au scénario « Extensification », la trajectoire plus dynamique du scénario « Intensification » engendre, sur l'ensemble de la période considérée, un surplus social net en légère diminution (d'environ 10 %), en dépit des gains considérables que cette trajectoire permettrait à la filière. Il est néanmoins nécessaire de rester prudent dans l'interprétation d'un tel résultat. Au-delà de la nature très spécifique (et coûteuse) des soutiens publics intégrés dans FFSM et de l'effet d'aubaine dont pourraient bénéficier les consommateurs, FFSM est un modèle en équilibre partiel : il ne prend donc pas en considération les rétroactions macro-économiques pouvant avoir lieu avec d'autres secteurs. Notamment, l'augmentation de la consommation de certains produits bois, comme le bois-énergie, se traduira pour partie par une diminution de la consommation d'énergies fossiles par effet de substitution. Cette substitution est *a priori* plus importante dans les scénarios dynamiques, comparativement à un scénario d'« Extensification », du fait de l'augmentation des niveaux de consommation. Or, dans un contexte d'incertitudes sur les prix des énergies fossiles, la substitution de ces dernières par du bois-énergie peut se traduire par un gain de surplus net supplémentaire que FFSM seul ne peut pas représenter. Afin de tester cette hypothèse, il faudrait coupler le modèle FFSM avec un modèle économique en équilibre général représentant explicitement l'ensemble des secteurs, et notamment les secteurs énergétiques.

Conclusion de la partie II

Nos trois scénarios participent tous de façon forte à l'atténuation du changement climatique en optimisant, chacun, des leviers distincts. Dans le scénario « Extensification », le levier prioritaire consiste en un stockage annuel croissant dans l'écosystème forestier, notamment dans la biomasse forestière, et ne favorise ni le stockage en produits ni les effets de substitution. Certains indices amènent à envisager que cette stratégie pourrait atteindre certaines limites en raison du fléchissement de la capacité de stockage de la forêt à mesure de la densification des peuplements. À l'inverse, les scénarios « Dynamiques territoriales » et « Intensification » s'appuient davantage sur les effets de substitution pour compenser un stockage moindre en forêt, avec une place prépondérante donnée à la substitution-matériau. C'est cependant sur ce dernier volet que les incertitudes sont les plus flagrantes, les coefficients de substitution et, surtout, leurs évolutions dans le temps étant particulièrement délicats à saisir ou à anticiper. Il ressort de l'analyse de sensibilité ayant porté sur cette dimension que toute amélioration des émissions de gaz à effet de serre évitées par substitution-matériau réduirait, voire annulerait, les avantages en matière de bilan carbone des stratégies de gestion visant à accroître le stockage de carbone en forêt. Néanmoins, compte tenu de leurs déterminants, de telles améliorations peuvent ne pas advenir spontanément et doivent être portées par des instruments de politiques publiques dans le cas où les trajectoires de gestion forestière envisagées s'appuieraient sur un maintien ou une hausse des taux de prélèvements en forêt.

Par ailleurs, le rôle joué par le plan de reboisement proposé ici n'apparaît pas évident à l'horizon 2050 : d'une part, ses effets sur le stockage en forêt ne semblent pouvoir se faire ressentir qu'au-delà de l'horizon considéré ; d'autre part, certaines des contraintes, logiques, introduites dans la programmation de ce plan de reboisement limitent les gains de productivité forestière attendus.

D'un point de vue économique, si la stratégie d'intensification de la gestion forestière présente des avantages tant en ce qui concerne les gains économiques que les emplois, les freins mis en évidence par l'analyse sont importants. En effet, en absence de modification des comportements de consommation ou de la structure industrielle française, un montant élevé de subventions directes serait nécessaire pour simplement maintenir les taux de prélèvement actuels, ceux-ci correspondant cependant à une forte hausse des volumes produits et consommés. L'évolution en cours de la consommation semble aller dans ce sens. En revanche, les investissements et les structures commerciales et d'accompagnement seraient à stimuler fortement pour, d'une part, accroître les volumes traités, transformés et mis en marché et, d'autre part, faire évoluer la répartition des usages vers le bois d'œuvre, potentiellement le plus avantageux en matière de stockage de carbone et d'effets de substitution.

Partie III

Effets d'une aggravation du changement climatique ou de crises majeures sur les bilans carbone à l'horizon 2050

POUR ÉTABLIR LES BILANS CARBONE des scénarios de gestion forestière analysés précédemment, on a considéré que les conditions climatiques des dernières années se maintenaient constantes sur toute la période 2016-2050. Or, tout porte à envisager dès à présent une aggravation du changement climatique et de ses effets sur la dynamique forestière, aggravation susceptible d'affecter les bilans carbone de chacun des scénarios de gestion. De la même façon, il s'avère pertinent de considérer également des crises majeures d'origine biotique ou abiotique, qui pourraient toucher d'ici à 2050 les forêts françaises et affecter une ou plusieurs composantes du bilan carbone de la filière (Galik et Jackson, 2009 ; Bradford *et al.*, 2013).

Peu d'études antérieures ayant tenté d'introduire ces deux types de perturbations, il est donc intéressant (et novateur) de compléter la démarche de simulation précédente en y introduisant, d'une part, une dégradation des conditions climatiques et, d'autre part, diverses formes de crises majeures pouvant impacter les forêts françaises aux horizons étudiés. L'exercice est particulièrement délicat et périlleux à mener dans la mesure où de multiples options s'offrent à nous, notamment en matière de crises abiotiques ou biotiques à envisager. Ces options portent tout autant sur la nature des crises imaginables et leur ampleur, que sur la date à laquelle elles pourraient subvenir et leur fréquence. De ce fait, la simulation de tels scénarios de crise nécessite de recourir à de très nombreuses hypothèses que l'on peut décliner à l'infini. C'est pourquoi les résultats qui suivent sont à considérer avec toutes les précautions qui s'imposent : ils n'ont vocation qu'à illustrer et donc à réfléchir sur ce qui pourrait advenir du bilan carbone de la filière forêt-bois française si, aux scénarios de gestion vus précédemment, se superposaient une dégradation plus accentuée des effets du changement climatique ou des crises de grande ampleur.

Trois types de crises ont été imaginés et simulés, chacune étant conçue comme intégrant une cascade de risques qui s'ajoute aux effets moyens du changement climatique : un épisode incendiaire de grande ampleur, aggravant les impacts sur la croissance biologique de la sécheresse introduite pour accentuer les effets du changement climatique ; une tempête de grande envergure dévastant, comme les tempêtes Lothar et Martin en 1999 et Klaus en 2009, les massifs forestiers français, et s'accompagnant de pullulations de scolytes sur les résineux et d'épisodes incendiaires conséquents ; des invasions biologiques dévastant soit les pins, soit les chênes.

L'impact sur le bilan carbone de ces crises ou évolutions climatiques est alors évalué pour chacun des compartiments de la filière forêt-bois. Nous étudions successivement les effets sur les bilans carbone d'une aggravation du changement climatique (chapitre 6), puis les impacts des trois types de crises envisagés (chapitre 7). Dans les deux cas, il nous faut décrire avec une certaine précision les termes des évolutions ou chocs envisagés. Les crises pouvant se dérouler à tout moment et prendre de multiples formes, elles auront besoin d'être précisément définies avant de simuler leurs conséquences sur les dynamiques forestières et d'établir leurs effets sur le bilan carbone à l'horizon 2050.

6. Effets d'une aggravation du changement climatique

Au-delà des effets des scénarios de gestion forestière, il y a lieu de s'interroger sur le rôle que pourraient jouer des facteurs essentiels, comme une accentuation du changement climatique, sur les peuplements forestiers et sur l'évolution de la ressource et de ses usages au cours des décennies à venir.

Quelles trajectoires climatiques retenir ?

Le « climat actuel » tel qu'il se décrit au travers des séries 2003-2013 et tel qu'il est utilisé dans les projections à 2050 des bilans carbone analysées antérieurement, est déjà quelque peu dégradé, avec une succession d'années sèches comme la suite des épisodes secs des années 2003 à 2006. Retenir comme climat de référence le climat actuel (climat moyen sur la période 2003-2013) inclut donc déjà des éléments de changement climatique.

On a cependant envisagé une situation climatique se dégradant encore au cours du temps. Pour ce faire, trois scénarios climatiques ont été analysés pour la France à partir des trajectoires d'émissions de gaz à effet de serre définis par le GIEC dans son 5e rapport paru en 2014 : les *Representative Concentration Pathways* (RCP) 2.6, 4.5 et 8.5 (Moss *et al.*, 2010). Ils constituent des scénarios de référence de l'évolution du climat sur la période 2006-2100 et sont désignés par le niveau de forçage radiatif en 2100 provoqué par les activités humaines (soit respectivement 2,6, 4,5 et 8,5 W/m²). Le forçage radiatif est un concept quantitatif correspondant à l'impact d'une trajectoire d'émissions traduit en termes de rayonnement énergétique au sommet de la troposphère en réponse à un changement combiné des facteurs d'évolution du climat — comme la concentration des gaz à effet de serre et l'albédo des surfaces continentales.

Les données climatiques correspondantes sont disponibles à une résolution suffisante sur le territoire métropolitain. Elles sont mises à disposition sur le portail Drias de Météo France[22]. Elles proviennent du projet du Centre national de recherches météorologiques CNRM-2014, qui simule des données météorologiques journalières à une maille de 8 × 8 km sur la France entière. Le modèle climatique utilisé est le modèle dynamique régional Aladin (Aladin-Climat v4), dont les simulations sont disponibles pour trois trajectoires climatiques RCP (tableau 6.1).

---

22. Portail Drias : www.drias-climat.fr.

Tableau 6.1. Caractéristiques des trajectoires RCP utilisées.

RCP	Forçage radiatif	Concentration (ppm)	Trajectoire
RCP-8.5	› 8,5W/m² en 2100	› 1 370 eqCO$_2$ en 2100	Croissante
RCP-4.5	~ 4,5W/m² au niveau de stabilisation après 2100	~ 660 eqCO$_2$ au niveau de stabilisation après 2100	Stabilisation sans dépassement
RCP-2.6	Pic à ~ 3W/m² avant 2100 puis déclin	Pic ~ 490 eqCO$_2$ avant 2100 puis déclin	Pic puis déclin

Extrait du portail Drias, www.drias-climat.fr/accompagnement/sections/175.

Le RCP-8.5 est le plus pessimiste : il pourrait conduire à un réchauffement global compris entre + 2,6 °C et + 4,8 °C. Le plus favorable est le scénario RCP-2.6. Pour la suite, on ne retient que les résultats du scénario aggravé RCP-8.5 montrant des impacts marqués par rapport au présent. En effet, l'analyse des dynamiques forestières obtenues en sortie du modèle GO+ (encadré 6.1) avec les conditions climatiques issues du RCP-8.5 met en évidence une « dégradation » de celles obtenues en sortie du modèle Margot, comparée au maintien du climat actuel. Le scénario RCP-4.5 n'apporte pas d'information supplémentaire et le scénario RCP-2.6 ne se différencie pas significativement du climat 2003-2013 (correspondant au maintien des conditions climatiques des dernières années sur toute la période 2016-2050).

Encadré 6.1. La mobilisation du modèle biophysique GO+ pour intégrer les effets climatiques sur les dynamiques forestières.

Le modèle GO+ est un modèle de croissance, de production et de gestion forestière représentant les principaux processus biophysiques et biogéochimiques d'un écosystème forestier géré. Il est développé par les chercheurs de l'unité mixte de recherche Interactions sol plante atmosphère (ISPA) depuis 1999 (Moreaux *et al.*, 2020).

GO+ est principalement utilisé pour simuler les effets des scénarios climatiques et de la gestion forestière à l'échelle infrarégionale, régionale et nationale, sur la croissance et la productivité de trois principales espèces forestières de production : le pin maritime, le hêtre et le douglas. Il simule typiquement le fonctionnement d'une parcelle forestière comprenant un peuplement d'arbres, le sous-bois et le sol, depuis la régénération à la coupe finale. Le modèle considère une unité spatiale correspondant à un patch homogène de végétation forestière, spécifiquement un hectare. Il fonctionne avec un pas de temps horaire, mais les principales variables d'intérêt sont intégrées sur les échelles journalières, mensuelles, voire annuelles.

GO+ décrit les principaux échanges dans le système sol-végétation-atmosphère, soit le bilan d'énergie, les cycles du carbone et de l'eau ainsi que les processus impliqués : transferts turbulents, flux de chaleur, évapotranspiration, diffusion entre l'air et le feuillage, photosynthèse, respiration, répartition du carbone, croissance, phénologie, immobilisation et exportations minérales, mortalité, retours au sol et minéralisation du carbone dans le sol. Il modélise la végétation selon une approche en deux couches, la canopée des arbres et la végétation du sous-étage.

La représentation de la végétation est dynamique, avec une description de la phénologie, de la sénescence et de la mortalité des deux couches de végétation. Les effets des opérations de gestion forestière sur le sol et sur la végétation sont pris en compte : préparation du sol, fertilisation, drainage, élimination du sous-bois, éclaircies, élagage, recépage, coupe définitive, coupe à blanc et récoltes (tronc, branches, feuillage, racines).

Implémentation de l'effet du climat futur sur la croissance

Les simulations du modèle GO+ ont été utilisées pour permettre au modèle de ressources Margot de prendre en compte l'impact de l'évolution du climat sur la croissance et la production des peuplements. Cet impact a été calculé comme l'anomalie observée dans l'incrément annuel en biomasse aérienne à l'hectare simulé par GO+ entre une période future et la période de référence du modèle Margot, soit la décennie 2003-2013. L'anomalie a été calculée pour des mailles Safran de 32 km × 32 km et par tranche de treize années (ou treizaine) couvrant la période 2005-2095 pour un couvert fixe de surface terrière, densité, hauteur et circonférence moyennes définies. Ce calcul a été décliné selon trois types de peuplements, conifères de plaine (représentés dans GO+ par le pin maritime), feuillus (représentés par le hêtre) et résineux de montagne (représentés par le douglas), deux classes de réserve utile en eau du sol (30 et 80 mm) et deux classes d'âge (respectivement, 15 et 40 ans pour les conifères, 30 et 90 ans pour les feuillus et 20 et 60 ans pour les forêts de montagne). La valeur de l'anomalie a été implémentée dans Margot au niveau de chaque strate pour les trois groupes d'essences, en tenant compte des classes de diamètre et des classes de réserve utile.

Limites du modèle GO+ pour une extrapolation à tout le territoire

La principale faiblesse de l'outil de modélisation GO+ est le peu d'essences sur lequel il est calibré par rapport à la diversité de la ressource française. Cette limite influence les résultats de la prise en compte du changement climatique sur la productivité forestière par GO+. L'interaction avec des modèles écophysiologiques gagnerait à être étendue à d'autres essences majeures en France (chênes, épicéas, sapins, etc.). Les travaux visant à développer des modèles calibrés sur des données IFN et permettant de moduler la croissance et la mortalité en fonction de l'évolution des conditions climatiques devraient être poursuivis de façon plus intégrée (Charru *et al.*, 2017).

Combinaison des modèles GO+ et Margot pour simuler le RCP-8.5

LES CONSÉQUENCES DU SCÉNARIO CLIMATIQUE RCP-8.5 sur la ressource forestière ont été prises en compte au niveau des paramètres de production et de mortalité naturelle de Margot. Les variations sur l'accroissement sont issues des résultats du modèle GO+, appliquées aux domaines d'études de Margot de manière différenciée suivant la localisation et le type de peuplement concerné. Une surmortalité liée aux sécheresses futures est en outre affectée aux arbres adultes. Elle est calculée à partir des mortalités observées à la suite de l'été 2003, sur le réseau systématique de surveillance de la forêt pour la quantification des effets sécheresse.

Le modèle de croissance, de production et de gestion forestière GO+ représentant les principaux processus biophysiques et biogéochimiques d'un écosystème forestier pour les principales espèces forestières de production que sont les pins, le hêtre et le douglas, permet de prendre en compte des modifications de conditions notamment climatiques dans l'analyse des dynamiques forestières (encadré 6.1).

Sur le portail Drias « Les futurs du climat »[23], les épisodes de sécheresse sont définis à partir des variables météorologiques (maximum annuel du nombre de jours consécutifs sans précipitations). La modélisation avec GO+ permet d'aller plus loin et de prendre en compte le bilan hydrique des peuplements (précipitations : évapotranspiration et drainage) qui définit l'état de l'eau dans le sol et dans la plante. Son impact sur la productivité du peuplement est répercuté par les processus suivants :
• réduction de la diffusion stomatique du CO_2 de l'air vers la plante et diminution de la photosynthèse ;
• augmentation de la température foliaire et répercussions sur la respiration et la photosynthèse ;
• arrêt de la croissance du feuillage des arbres et du sous-bois ;
• mortalité des plantes du sous-étage ;
• réallocation de la croissance au profit du système racinaire et au détriment de la partie aérienne.

Cet impact de la sécheresse se traduit sous la forme d'anomalies de productivité. Les anomalies de croissance que GO+ met en évidence avec les conditions climatiques dégradées du RCP-8.5 ont été introduites dans le modèle Margot pour modifier les paramétrages basés uniquement sur les données historiques. Mais, comme toutes les espèces forestières françaises ne sont pas modélisées dans GO+, une transposition des résultats d'une espèce à une autre a été nécessaire : seules les données disponibles pour les trois essences (hêtre, pin maritime et douglas) qui font l'objet de calibrations suffisamment robustes ont pu être mobilisées, sans pour autant que ces essences puissent être considérées comme représentatives. Ainsi, les résultats obtenus à partir du modèle « hêtre » ont été utilisés pour tous les feuillus, ceux du « pin maritime » pour tous les pins et ceux du « douglas » pour tous les autres résineux.

---

23. www.drias-climat.fr.

En complément des effets du climat sur la croissance des arbres, on a pris en compte les effets de la sécheresse sur la mortalité. La sécheresse fait référence à un déficit hydrique extrême (de type 2003) ou à des déficits récurrents sur plusieurs années successives. Dans ce cas, les capacités de régulation des arbres sont dépassées et des dysfonctionnements irréversibles peuvent apparaître : embolie de certains organes, mortalités de branches, pertes foliaires traduisant souvent une phase de dépérissement avec, dans les situations extrêmes, une surmortalité d'arbres comme en 1976, 1989-1991 ou 2003 (Bréda *et al.*, 2006)[24].

Les surmortalités dues à la sécheresse ont été évaluées sur la base des sécheresses enregistrées depuis 1989 dans le réseau systématique de surveillance de la forêt (partie française du réseau ICP Forest, Level I[25]). Ce réseau observe annuellement l'état sanitaire d'environ 11 700 arbres répartis sur plus de 540 placettes organisées selon une grille systématique de 16 km de côté. Ce réseau est géré en France par le Département de la santé des forêts du ministère en charge de l'Agriculture.

L'impact de la sécheresse est quantifié dans l'option climatique RCP-8.5 en matière de mortalité additionnelle à partir des observations passées sur le réseau systématique de maille 16 km. Cependant, la faible densité de ce réseau ne permet pas d'analyser les mortalités d'arbres, ni dans leur distribution spatiale (par grandes régions écologiques, Greco, par exemple), ni par essence. Ainsi, nous avons seulement pu évaluer la mortalité additionnelle à l'échelle nationale pour les deux groupes d'essences feuillus ou résineux par rapport à la mortalité de fond, estimée à 0,15 % des tiges par an chez les feuillus et à 0,2 % des tiges par an chez les résineux sur l'ensemble de la période d'observation disponible du réseau, 1989-2015 (figure 6.1).

Cette mortalité additionnelle est intégrée sans distinction, ni spatiale[26] ni temporelle[27]. La fréquence des années présentant une sécheresse égale ou supérieure à 2003 a été recherchée dans les sorties du modèle GO+ sous forçage climatique du RCP-8.5. Dès la première période, une sécheresse d'intensité supérieure ou égale à 2003, et donc susceptible d'induire un dépérissement, est repérée dans plus de 90 % des cas avec une récurrence quasi systématique sur plusieurs années. La mortalité additionnelle ajoutée à celle calculée par l'IGN, sur les arbres adultes de bois moyens et les gros bois seulement

---

24. Plus de détails dans Roux *et al.* (2017, annexe 8).
25. ICP Forest Level I consiste en un réseau systématique de placettes représentatives des écosystèmes forestiers à l'échelle européenne. Il produit périodiquement des états des lieux spatialisés des variations des conditions forestières en lien avec les facteurs de stress d'origine anthropique et naturelle, et en particulier la pollution de l'air.
26. La localisation des zones de déficit hydrique en France métropolitaine est issue des calculs de bilan hydrique du modèle fonctionnel GO+ associé aux scénarios climatiques régionalisés.
27. La sécheresse édaphique est déclenchée par le forçage climatique, avec une variabilité interannuelle élevée déjà sous climat actuel. Rappelons que les scénarios climatiques sont des modèles statistiques et que le positionnement dans le temps est purement aléatoire ; ainsi, l'année de sécheresse maximale calculée par le modèle GO+ par scénario climatique se situe dans une fenêtre temporelle (futur proche ou futur lointain, ici dans une treizaine d'années), mais n'a aucune signification de date en tant que telle.

et pour chaque année des projections Margot, est ainsi de 0,13 % pour les feuillus et de 0,76 % pour les résineux (à partir de 27,5 cm de diamètre).

L'utilisation par la filière des bois secs et dépérissants a été contrastée entre les deux groupes d'essences feuillus et résineux, sur la base des valorisations actuelles de ce type de produits accidentels. En résineux, tous les volumes sont transformés en bois-énergie et en bois d'industrie, tandis qu'il n'y a pas d'impact sur les catégories de produits en feuillus. Une partie du bois mort reste en forêt selon les mêmes règles que celles définies classiquement dans le modèle Margot.

Figure 6.1. Taux de mortalité d'arbres sur le réseau systématique depuis 1989, en % par an (source : Département de la santé des forêts, Goudet, 2017).

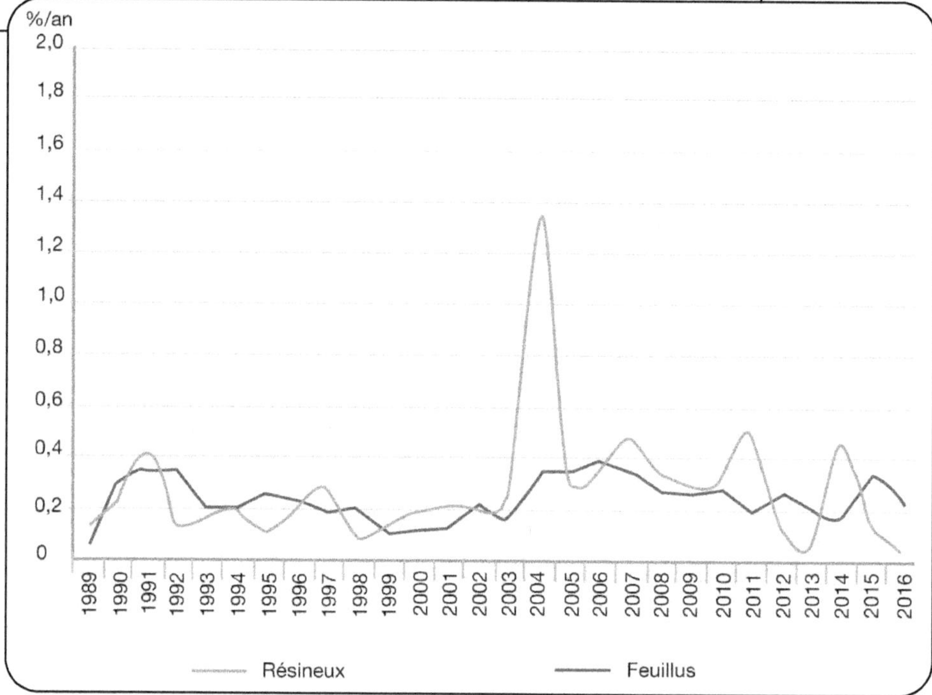

Impacts d'une aggravation du changement climatique sur les dynamiques forestières et les bilans carbone

LES EFFETS DES TRAJECTOIRES DÉCRITES CI-DESSUS sur les différentes composantes des bilans carbone de la filière forêt-bois française ont été simulés jusqu'à l'horizon 2050 à l'aide du modèle Margot, dont certains paramètres ont été adaptés à l'aide des résultats issus du modèle GO+ en vue d'y introduire les effets d'un changement climatique aggravé.

▌ Un stockage de carbone dans l'écosystème moins rapide

Sous l'option climatique RCP-8.5, le forçage, introduit à partir de GO+ dans le modèle Margot, se traduit par un plafonnement de la production biologique des feuillus et par une légère progression de celle des résineux (approximativement de 45 à 55 millions de mètres cubes par an, volume aérien total). La production biologique de la forêt française tendrait ainsi à se stabiliser, résultat de la combinaison de deux tendances opposées : la poursuite de l'expansion démographique, d'une part, et des conditions climatiques de plus en plus contraignantes, d'autre part. Par conséquent, si les effets du changement climatique tendaient à se renforcer, la capitalisation se poursuivrait, mais sans accélération, contrairement aux résultats présentés au chapitre 4. L'évolution fortement négative, après 2050, des tendances de productivité issues de GO+ laissent présager une aggravation de la situation au-delà de l'horizon temporel de notre étude. On peut être amené à penser ici que l'aggravation des effets du changement climatique pourrait accroître la vulnérabilité de la forêt française dès l'horizon 2050.

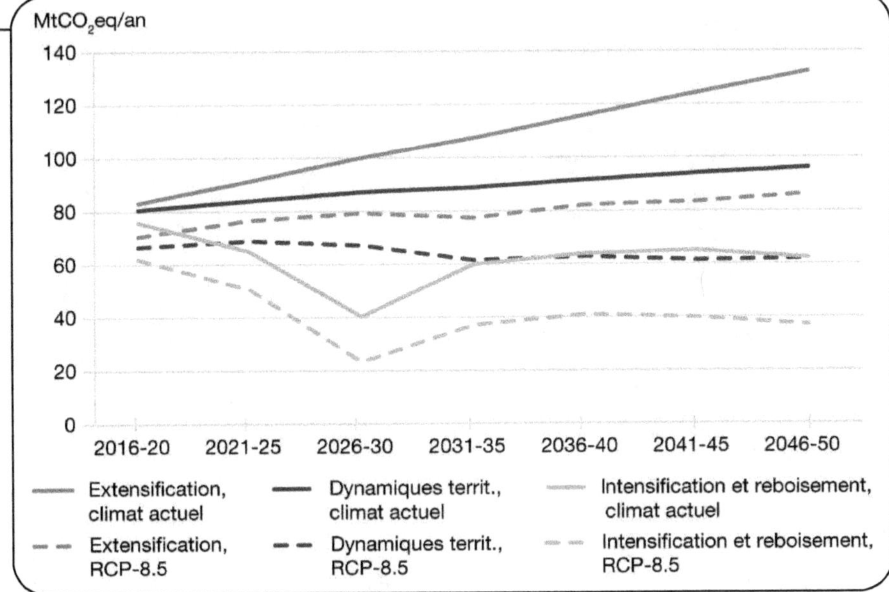

Figure 6.2. Stockage annuel du carbone dans l'écosystème forestier sur la période 2016-2050, selon les trois scénarios de gestion et deux scénarios climatiques (en MtCO$_2$eq/an).

En conséquence, l'option climatique RCP-8.5 engendrerait une forte réduction des vitesses de stockage (l'écart avec les vitesses de stockage en climat actuel étant proche de 40 % à l'horizon 2050), même si le stockage annuel dans l'écosystème forestier resterait positif (figure 6.2). Les différences entre les trois scénarios de gestion s'atténuent quelque peu, sans pour autant remettre en cause leur ordonnancement obtenu sous climat actuel : le rythme de croissance du stockage annuel serait très fortement ralenti dans le scénario « Extensification », il décroîtrait légèrement dans le scénario « Dynamiques territoriales », et sa chute serait un peu plus accentuée dans le scénario « Intensification ».

En cas d'aggravation des effets du changement climatique, le stockage cumulé en forêt sur toute la période 2016-2050 diminuerait de 27 % pour les scénarios « Extensification » et « Dynamiques territoriales » et de 33 % pour le scénario « Intensification » (figure 6.3). Au total et en cumulé sur la période 2016-2050, le stockage de carbone dans l'écosystème forestier varierait, selon les scénarios de gestion, entre 2 100 et 3 700 $MtCO_2eq$ sous climat actuel (chapitre 4), et entre 1 500 et 2 800 $MtCO_2eq$ en cas d'aggravation des effets du changement climatique (RCP-8.5).

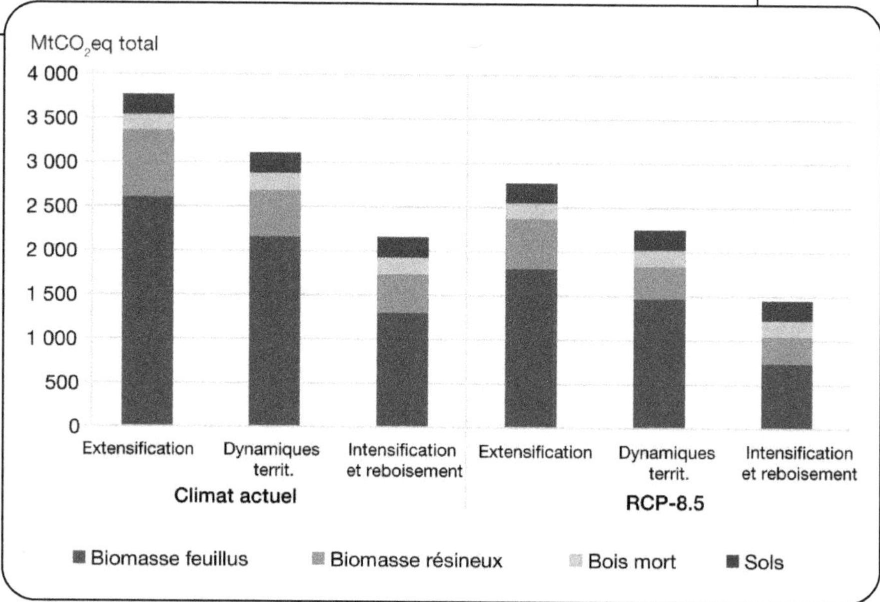

Figure 6.3. Stockage de carbone dans l'écosystème forestier cumulé sur la période 2016-2050, selon les trois scénarios de gestion et les deux scénarios climatiques (en $MtCO_2eq$).

Ces ordres de grandeur confirment tout d'abord que, quoiqu'il advienne des conditions climatiques, les écosystèmes forestiers, sans même tenir compte de la transformation du bois et des effets de substitution, apporteront en toute hypothèse une contribution majeure au bilan national de gaz à effet de serre jusqu'à l'horizon 2050. Mais l'importance de cette contribution sera très dépendante de la combinaison entre les modes de gestion et de mobilisation du bois et les effets dépressifs d'un renforcement de l'action du climat.

▌ Ventilation de la récolte par usage et stockage dans les produits bois

Les volumes de bois entrant dans la filière continueraient à différencier fortement les scénarios entre eux (figure 6.4). En cas d'aggravation du changement climatique (RCP-8.5), ces volumes évolueraient peu : ils resteraient identiques à ce qu'ils seraient sous climat actuel pour le scénario « Extensification » et baisseraient de moins de 10 % pour les deux autres. En effet, les dynamiques de stockage en forêt et de récolte de bois déjà mûrs sont assez indépendantes l'une de l'autre sur un pas de temps relativement court de trente-cinq ans. Comme sous l'hypothèse d'un maintien du climat actuel sur toute la période étudiée, la ventilation entre les usages bois d'œuvre, bois d'industrie et bois-énergie n'a pu être véritablement différenciée selon le scénario de gestion.

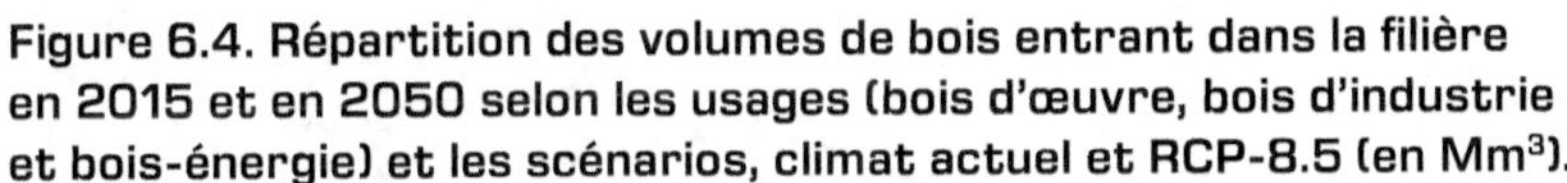

Figure 6.4. Répartition des volumes de bois entrant dans la filière en 2015 et en 2050 selon les usages (bois d'œuvre, bois d'industrie et bois-énergie) et les scénarios, climat actuel et RCP-8.5 (en Mm^3).

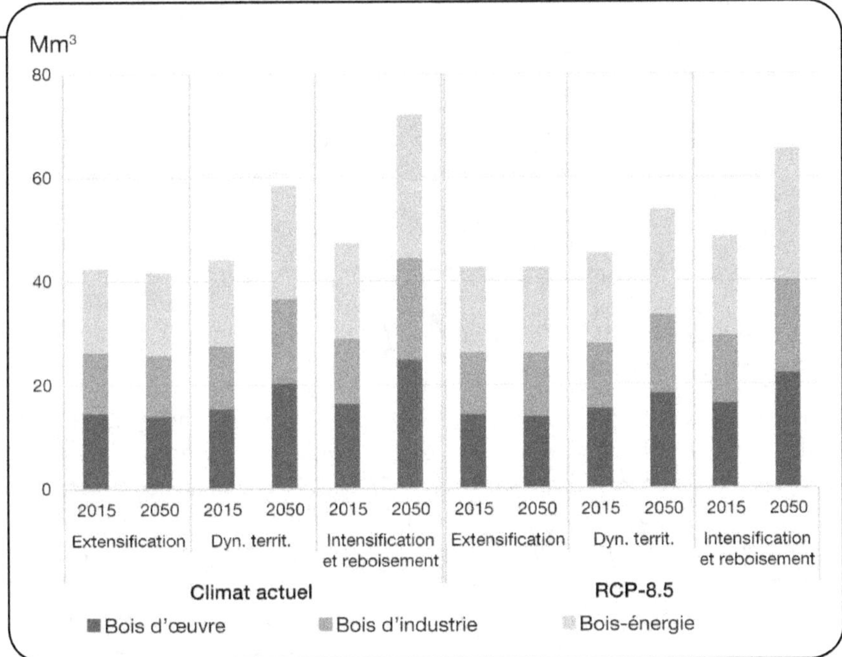

Sous ces hypothèses, le stockage annuel dans les produits bois reste globalement faible et suit une progression dont la hiérarchie est conforme aux taux de prélèvement envisagés pour chacun des scénarios. Quasiment nul sous « Extensification » (où le niveau absolu de prélèvement reste voisin de sa valeur actuelle), il est proche de 3 à 6 MtCO$_2$eq/an dans les deux autres scénarios et serait susceptible de ralentir quelque peu, notamment en fin de période, en cas d'accentuation des effets du changement climatique (figure 6.5). Cette vitesse est, dans tous les cas, très faible par rapport au stockage dans l'écosystème et aux effets de substitution.

Figure 6.5. Stockage annuel de carbone dans les produits de la filière bois française selon les trois scénarios de gestion et les deux scénarios climatiques (en MtCO$_2$eq/an).

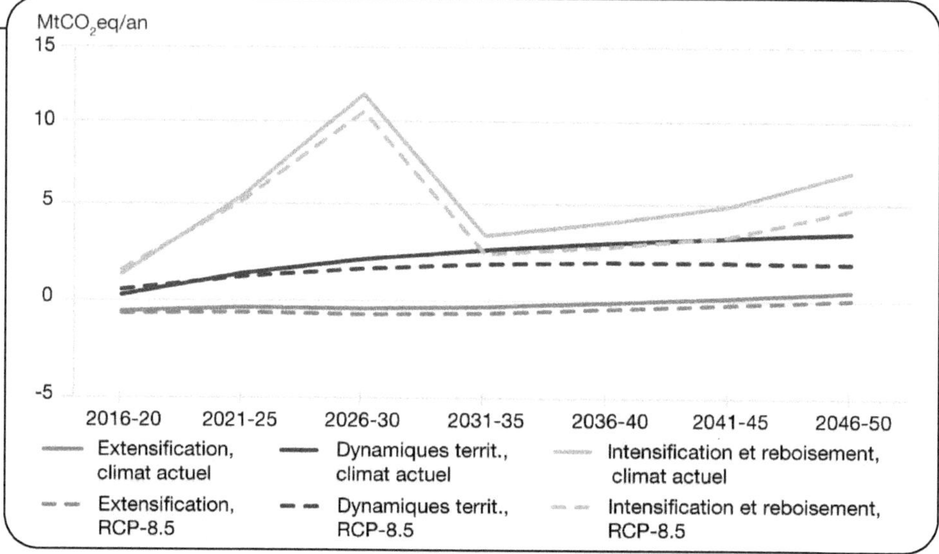

▌ Des effets de substitution peu affectés par l'aggravation du changement climatique

En cumul sur toute la période 2016-2050, les émissions évitées varient entre 1 250 et 2 000 MtCO$_2$eq selon les scénarios (figure 6.6). Elles seraient peu affectées par une aggravation des effets du changement climatique (RCP-8.5). Le cumul des émissions évitées serait alors inchangé pour le scénario « Extensification », notamment parce que nos hypothèses se traduisent par des volumes de prélèvements constants au fil des années. Ce même cumul serait, en situation climatique aggravée, quelque peu inférieur à ce qu'il serait si le climat actuel était maintenu, dans les deux scénarios pour lesquels le volume des prélèvements est fixé en proportion de l'évolution des stocks sur pied, à savoir les scénarios « Dynamiques territoriales » et « Intensification ». Néanmoins, les différences d'émissions évitées seraient, dans ces cas, assez minimes : de l'ordre de − 3 % et de − 4 %, respectivement. L'absence d'effet significatif d'une dégradation des conditions climatiques sur le volume total des prélèvements à l'échéance 2050 s'explique principalement par le décalage temporel entre la période qui a vu croître les arbres mûrs pour une récolte entre 2020 et 2050 (de cinquante à cent quatre-vingts ans selon les essences) et le climat futur qui affecte davantage la croissance des arbres récoltables à plus long terme.

Figure 6.6. Émissions de CO$_2$ évitées par effet de substitution en cumul sur la période 2015-2050 selon les trois scénarios de gestion, climat actuel et RCP-8.5 (en MtCO$_2$eq).

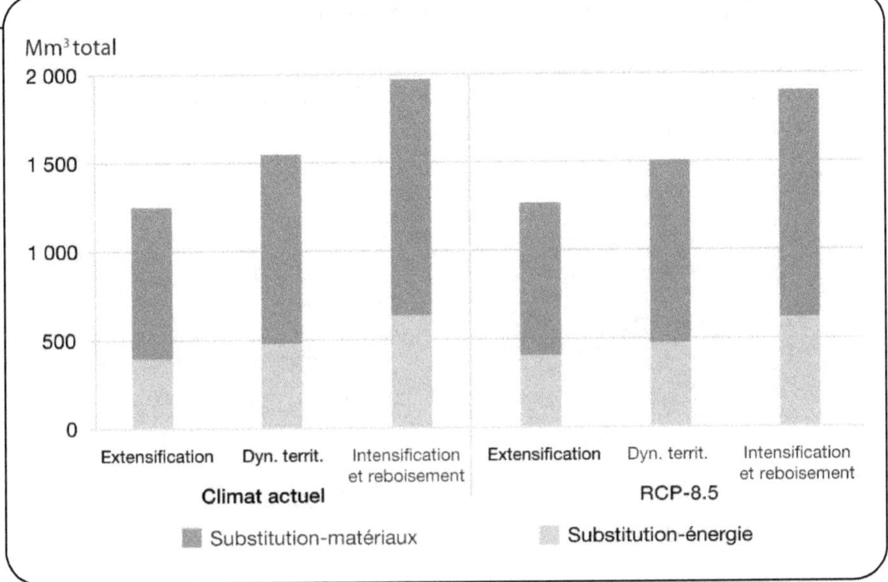

Ainsi, lorsque le mode de gestion forestière s'intensifie, les effets de substitution, plus robustes aux impacts du changement climatique que le stockage de carbone dans l'éco-système, permettraient d'amortir plus facilement la baisse de la contribution à l'atténuation du changement climatique.

Des bilans carbone amoindris pour tous les scénarios

En dépit des incertitudes sur le stockage de carbone ou les émissions évitées dans certains compartiments de la filière (effets de la densité des peuplements sur les évolutions du stockage sur pied ou évolutions des coefficients de substitution bois-matériaux, voir chapitre 4), on peut néanmoins procéder à la comparaison des bilans carbone selon les deux hypothèses climatiques envisagées ici : poursuite du climat actuel *versus* aggravation du changement climatique selon la trajectoire du RCP-8.5 (figure 6.7).

L'augmentation des bilans carbone annuels obtenus sous hypothèse d'une aggravation des effets du changement climatique est nettement ralentie, et ce quel que soit le scénario considéré. Les bilans carbone sont, dans tous les cas de figure, quasiment constants sur la période simulée, 2016-2050. Cette constance résulte principalement de la combinaison entre un facteur qui reste positif (tendance à l'augmentation des surfaces, entrée en production de jeunes peuplements) et un facteur climatique tendanciellement défavorable à la productivité forestière, qui s'associe à un stockage dans les produits bois presque inchangé par rapport au climat actuel et à des effets de substitution de même ampleur que sous les hypothèses du chapitre 4.

Figure 6.7. Comparaison des bilans carbone de la filière forêt-bois française des trois scénarios de gestion, climat actuel et RCP-8.5 (en MtCO$_2$eq).

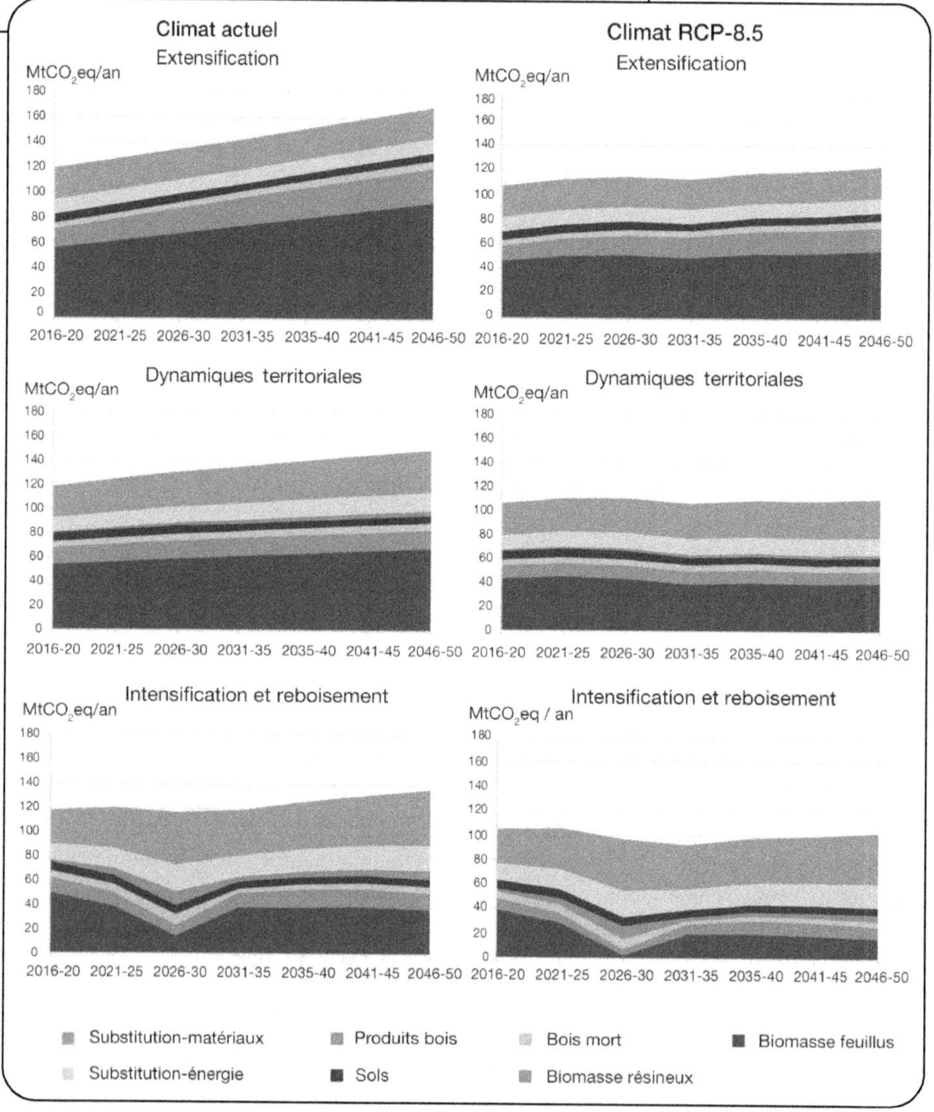

Néanmoins, la manifestation très précoce (dès la période 2015-2028) de la perte de production découle directement des hypothèses considérées dans GO+. Compte tenu de l'importance des feuillus dans la ressource française, la production moyenne est rapidement décroissante dans la plupart des grandes régions écologiques (Greco) du fait de l'application d'un modèle « hêtre » à l'ensemble des feuillus. Il s'agit en effet d'une essence particulièrement sensible à la sécheresse, ce qui peut engendrer une surestimation dans le modèle de la mortalité des feuillus liée à la sécheresse, et donc une possible sous-estimation du puits forestier due à la façon dont nous avons pu implémenter les effets sur le stockage du carbone en forêt de la trajectoire climatique RCP-8.5. Par ailleurs, la mortalité additionnelle liée aux sécheresses correspond à un facteur appliqué dès la première période et jusqu'en 2050 : les sécheresses simulées sont donc largement aussi sévères que celle de 2003. Cet ensemble de facteurs contribue probablement à surestimer l'impact climatique et à sous-estimer le niveau futur du puits dans tous les scénarios envisagés ici.

Quoi qu'il en soit, les anomalies climatiques touchant la production et la mortalité induisent, dès le début de la période simulée, une divergence rapide entre les effets du climat actuel et la trajectoire RCP-8.5. Cette divergence forte illustre les enjeux liés à l'adaptation des peuplements forestiers au changement climatique et doit encourager la réflexion sur des stratégies adaptatives. Une conséquence de cette perte de production est que la structure du bilan carbone de la filière se modifie sensiblement par rapport au climat actuel. Ainsi, le poids relatif des effets de substitution dans le bilan carbone se renforcerait nettement : il représenterait, en 2050, 58 % du bilan carbone annuel du scénario « Intensification » (contre 49 % sans modification climatique par rapport au climat actuel), 41 % pour « Dynamiques territoriales » (contre 33 % sous climat actuel) et 30 % pour « Extensification » (contre 22 % sous climat actuel). À l'inverse, la part du stockage de carbone dans la biomasse forestière tendrait à se réduire fortement pour n'être en 2050 que de 26 % dans le scénario « Intensification » (contre 37 % sous climat actuel), 46 % dans « Dynamiques territoriales » (contre 57 % sous climat actuel) et 60 % dans « Extensification » (contre 70 % sous climat actuel). L'augmentation ou le maintien de niveaux de prélèvement significatifs donnent à ceux-ci une importance plus forte dans le bilan d'ensemble. Rappelons que les bénéfices de stockage en forêt sont toujours réversibles, car exposés aux aléas (à plus forte raison si la filière locale est faiblement préparée pour des récoltes de sauvetage), tandis que ceux fournis par la substitution de matériaux ou d'énergies sont cumulatifs et définitivement acquis. Ainsi, les situations dans lesquelles les leviers forestiers d'atténuation du changement climatique se concentrent sur le stockage en forêt peuvent être mises à mal sous les effets d'un changement climatique aggravé, que des crises complémentaires peuvent encore accentuer.

7. Estimation des impacts de crises forestières majeures

LES PHÉNOMÈNES EXTRÊMES ONT UN EFFET STRUCTURANT, car, lorsqu'ils sont de grande envergure, ils modifient les dynamiques écologiques et/ou socio-économiques sur le long terme, comme ce fut le cas à plusieurs occasions au cours des dernières décennies.

Depuis cinquante ans, les tempêtes et les incendies, en Europe, déstabilisent les modes traditionnels de gestion. La survenue d'une crise analogue à la situation que connaît depuis vingt ans le continent nord-américain (méga-sécheresses, scolytes des pins, incendies) constituerait un changement de régime qui doit être envisagé tant aux échelles régionale que nationale. De même, les risques d'invasions biologiques majeures pourraient freiner brutalement le développement d'essences bien implantées. En matière forestière comme dans tous les autres domaines, lorsqu'il s'agit d'anticiper de telles combinaisons de risques et les crises associées, le savoir-faire est encore peu développé au niveau international, les chercheurs déchiffrant ces situations à mesure qu'elles se présentent. Compte tenu de l'importance de l'impact potentiel de tels phénomènes sur la capacité de stockage de carbone par la filière forêt-bois, il est apparu nécessaire, bien que risqué, de s'engager dans une démarche de prospective multirisque, rassemblant des spécialistes des différents aléas et dommages.

Pourquoi intégrer des crises dans les simulations ?

LES FORÊTS FRANÇAISES SONT RÉGULIÈREMENT SOUMISES À DES ALÉAS BIOTIQUES (insectes et pathogènes) et abiotiques (sécheresse, gel, tempête, feu) dont la connaissance permet d'estimer le risque. En effet, la notion de risque peut être définie comme l'interaction entre trois composantes :
- la fréquence et l'intensité de l'aléa ;
- la vulnérabilité du système qui définit l'ampleur du dommage causé par l'aléa ;
- l'impact écologique et socio-économique sur les enjeux exposés au risque, c'est-à-dire la perte liée au dommage en fonction de la valeur du système (d'après IPCC, 2014).

La fréquence et l'intensité des aléas pourraient augmenter sous l'effet des dérèglements climatiques (Lindner *et al.*, 2010) ou de la poursuite d'intenses échanges internationaux (Fisher *et al.*, 2012), et la vulnérabilité des forêts pourrait parallèlement augmenter sans que l'aléa soit lui-même directement modifié (cas des tempêtes).

Les aléas qui menacent les forêts compromettent directement leur capacité à fournir des biens et des services, mais aussi augmentent leur vulnérabilité à d'autres risques naturels comme les inondations, les pollutions, les avalanches, les glissements de terrain ou les chutes de blocs mettant en péril d'autres enjeux humains (Landmann et Berger, 2015).

Alors qu'on observe déjà une aggravation du régime des incendies, liée à une augmentation du risque météorologique de feux de forêt dans certains pays du sud de l'Europe et, notamment, dans la péninsule Ibérique (Pausas, 2004 ; Fréjaville et Curt, 2017), la situation sur le front des incendies en France semble pour l'instant maîtrisée. L'analyse des statistiques de la base Prométhée sur les incendies de forêt en France méditerranéenne sur les quarante dernières années montre que les surfaces brûlées annuellement marquent une tendance à la baisse, et les moyennes annuelles par décennie passent de plus de 30 000 ha de 1974 à 1983, à un peu plus de 7 000 ha sur la dernière décennie. Ces bons résultats sont obtenus alors que le risque incendie a augmenté sur les dernières décennies (Chatry *et al.*, 2010 ; Fréjaville et Curt, 2017). Cette réussite peut être imputée en partie aux effets combinés des dispositifs de prévention et de lutte en France et, notamment, à l'efficacité de la stratégie du traitement des feux naissants (Ruffault *et al.*, 2016). Néanmoins, ces moyennes cachent des variations interannuelles très fortes, avec des plafonds record comme l'année 2003, ce qui montre que ce bilan favorable est le fruit d'un équilibre fragile où le niveau de parades peut être dépassé par une situation météorologique exceptionnelle.

Que prévoient les modèles projetant le risque incendie de forêt jusqu'à la fin du siècle ? Bedia *et al.* (2014) calculent différents indicateurs, dont l'indice forêt météo (IFM) pour différents pays de la rive nord de la Méditerranée pour la période historique, en mettant en œuvre une série de modèles climatiques pour trois périodes futures (2011-2040 ; 2041-2070 ; 2071-2100). L'étude montre d'abord que l'IFM pour la France se situe sous le niveau des autres pays de l'Europe du Sud, qu'il le resterait, mais doublerait néanmoins à l'horizon 2100. Chatry *et al.* (2010) estiment que les zones à risque d'incendie de végétation, qui représentent actuellement le tiers des surfaces de landes et de forêts du territoire métropolitain français, devraient augmenter de 30 % à l'horizon 2040 pour atteindre la moitié des surfaces forestières à l'échéance 2050. Fargeon *et al.* (2020) confirment le renforcement prévu du danger d'incendie en France à l'horizon 2100 et précisent les niveaux de confiance de ces prédictions en fonction des régions. Pour ce qui concerne la longueur de la saison de feux, la France part d'un niveau beaucoup plus bas que les autres pays du sud de l'Europe (deux à trois mois estivaux), mais rattraperait en quatre-vingts ans la durée de la saison d'incendies de ces pays en doublant la période à risque, avec plus de feux à la fin d'hiver, au printemps et à l'automne (Bedia *et al.*, 2014).

Concernant les risques biotiques qui pèsent sur la forêt, les ravageurs forestiers et les pathogènes invasifs ont été favorisés par la recrudescence des échanges commerciaux (Roques *et al.*, 2010 ; Santini *et al.*, 2013). Le cynips du châtaignier, la chalarose du frêne, le phytophtora de l'aulne, la pyrale du buis, le *Phytophthora ramorum* sur le mélèze, le capricorne asiatique sont autant d'exemples d'installation et de propagation récentes d'espèces invasives dans les forêts métropolitaines, favorisées par des conditions environnementales nouvellement favorables (Robinet *et al.*, 2012). Le risque d'invasion biologique est de plus influencé par le changement du climat (Bellard *et al.*, 2013).

Outre les espèces invasives, des études récentes montrent comment le dérèglement climatique pourrait favoriser les dommages d'insectes et de pathogènes autochtones. L'augmentation de la fréquence ou de l'intensité des sécheresses pourrait se traduire par des vagues de dépérissements et accroître la sensibilité des arbres à de nombreux parasites comme les scolytes ou le *Sphaeropsis* (Fabre *et al.*, 2011 ; Jactel *et al.*, 2012). Robinet *et al.* (2015) soulignent que le réchauffement climatique pourrait induire une augmentation du nombre de générations d'insectes ravageurs et de leurs performances reproductrices, notamment des scolytes. Des conditions de températures plus élevées pourraient également favoriser l'extension des aires de distribution des insectes et des pathogènes, comme on peut le voir pour la chenille processionnaire du pin (Battisti *et al.*, 2005) ou l'encre du chêne (Bergot *et al.*, 2004).

On peut donc conclure que, si certains aléas en forêt sont actuellement maîtrisés sauf en conditions climatiques extrêmes (incendies), d'autres se sont déjà multipliés au cours des décennies passées (sécheresses, invasions d'insectes et de pathogènes) ou ont causé des dégâts importants (tempêtes), et que tous tendront vers une augmentation à moyen ou long terme sous l'effet des changements globaux ou de l'évolution de la structure forestière.

Par ailleurs, on a déjà observé des interactions entre aléas, pouvant amener à des effets d'amplification, ce qui invite à considérer des cascades de risques comme faisant système (Marçais et Bréda 2006 ; Jactel *et al.*, 2012 ; de la Barrera *et al.*, 2018).

Ces aléas provoquent une mortalité additionnelle potentiellement importante comparée à la mortalité de fond régulièrement enregistrée (< 1 % des tiges), ce qui peut aller jusqu'à impacter la capacité des forêts à stocker du carbone (Kurz *et al.*, 2008) et remettre en cause les options de gestion et d'adaptation mises en œuvre. Tout ceci justifie d'intégrer des crises perturbant la dynamique forestière dans les simulations.

Trois histoires de risques en cascade

Le choix a été de prendre en compte ici une combinaison d'histoires de risques dont les effets pourraient être amplifiés avec le changement climatique, de façon à intégrer leurs interactions. C'est pourquoi certains de ces risques ne sont pas traités indépendamment les uns des autres, mais au contraire regroupés dans des scénarios.

Les aléas retenus ont de forts impacts sur la production de bois : réduction importante de la croissance, mortalité massive avec ou sans régénération possible, sur des territoires de grande ampleur (régionale ou nationale). Au-delà de la sécheresse qui a déjà été intégrée dans les options climatiques, on a choisi de se focaliser sur les aléas suivants :

tempêtes, incendies, scolytes, invasions d'insectes ou de pathogènes. Certains d'entre eux ont été combinés : les incendies interviennent en lien avec la sécheresse, les tempêtes sont suivies de pullulations de scolytes et d'incendies. Pour ces deux dernières combinaisons, l'intensité de l'aléa est modifiée par le scénario climatique. En revanche, les invasions biologiques ont été traitées isolément et considérées indépendamment de l'option climatique et des autres aléas.

Les histoires de crise que l'on peut imaginer sont multiples et peuvent varier dans de nombreuses dimensions. En combinant toutes les options (nature de l'événement extrême initial, cascade de risques engendrés, ampleur et localisation de la crise, fréquence et durée des épisodes de crise, etc.), il existe une infinité de scénarios possibles, tous aussi crédibles les uns que les autres. On a donc ici fait des choix pour lesquels il est nécessaire de préciser un ensemble de paramètres permettant de décrire la crise et l'ensemble de ses conséquences sur la filière française et son bilan carbone. On s'est appuyé sur des crises d'ampleur déjà vécues et donc déjà documentées de façon à adosser sur des bases solides les hypothèses sur les conditions et les conséquences de ces crises. Ces scénarios sont donc à considérer comme des illustrations de ce que pourrait provoquer sur le bilan carbone de la filière la survenue d'événements extrêmes, très peu souvent pris en compte dans ce type d'exercice.

▌ Incendies après sécheresse

Description de la crise

L'année 2003 représente l'année de référence pour ce scénario de crise. Elle permet de caractériser une saison « feux de forêt » catastrophique. Il s'agit en effet de l'année record en surfaces totales brûlées, aussi bien à l'échelle de la région Sud-Est (61 424 ha, source Prométhée) qu'à l'échelle nationale (73 278 ha, source Système européen d'information sur les incendies de forêt, EFFIS). L'ampleur du phénomène incendie en 2003 est expliquée par le caractère lui-même exceptionnel de la vague de chaleur et de la sécheresse de l'été 2003.

Ce bilan annuel d'incendies est obtenu avec plusieurs centaines de feux de dimensions très variables, s'étalant en 2003 de 1 à 6 744 ha. On retrouve, lors de cette saison d'incendies exceptionnelle, une règle qui gouverne tous les bilans, même les plus faibles, selon laquelle quelques grands incendies concourent à l'essentiel du bilan. Ces incendies représentent ce que l'on qualifiera de méga-feux pour la France. Ils se développent dans des situations de perte de contrôle totale par le système de prévention et de lutte, avec pratiquement aucune protection effective des espaces forestiers. Lors de ces événements, les forces de lutte se focalisent quasiment exclusivement sur la protection des personnes et des habitations et les autres enjeux humains (bâtiments agricoles ou industriels, infrastructures de transport). L'année 2003 est aussi une référence concernant les méga-feux, puisqu'il s'agit de l'année qui compte trois des grands incendies de 5 000 ha et plus sur les dix enregistrés dans la base Prométhée depuis 1973.

Ceci conduit à considérer le niveau de danger d'incendie de 2003 comme le seuil de référence pour le scénario « sécheresse puis incendies ». La crise se déroule, à l'échelle nationale, sur les mois de juillet et août, durant lesquels, historiquement, l'essentiel des surfaces concernées est incendié. Cette crise est appliquée pour les deux scénarios climatiques : climat actuel et RCP-8.5.

Dimension de la crise

L'indice FWI (*Fire Weather Index*)[28] moyen mensuel sur la France entière a été calculé avec GO+ pour les mois de juillet et août 2003 sur la maille Safran[29] 8 km × 8 km avec les données météo observées de l'année de référence 2003. Les moyennes nationales du FWI sur les carreaux de la grille Safran pour les mois de juillet et août 2003 sont respectivement de 9,77 et 15,62, soit une moyenne de 12,69 sur les deux mois. Cette valeur a été retenue pour représenter le danger d'incendie de référence pour la France.

Le FWI mensuel a aussi été estimé pour toutes les années de 2017 à 2050 avec les données météo simulées avec le modèle dynamique régional du CNRM Aladin (Aladin-Climat v4) sur la base du scénario climatique RCP-8.5. La valeur annuelle la plus élevée des moyennes du FWI des mois de juillet et août a été recherchée sur la même période. Une valeur de 30,42 a été obtenue : elle représente un danger d'incendie 2,4 fois plus élevé que pour l'été 2003. En appliquant ce facteur d'aggravation à la surface totale nationale incendiée en 2003 (73 278 ha, source EFFIS), on obtient une estimation de la surface totale brûlée lors de la crise « sécheresse puis incendies » s'élevant à 175 000 ha. Il s'agit du cumul surfacique de tous les feux individuels de quelques hectares à plusieurs centaines, voire milliers d'hectares.

Aspects temporels et spatiaux

L'occurrence de la sécheresse extrême qui déclenche la crise « sécheresse puis incendies » a été fixée arbitrairement pendant le cycle quinquennal du modèle Margot 2026-2030 afin qu'elle se produise suffisamment tôt dans la période étudiée (2017-2050) pour disposer d'une période post-crise suffisamment longue pour en évaluer les effets.

Pour les besoins de l'étude, et par souci de simplification des analyses, une seule crise a été positionnée pendant la période de simulation choisie, même si un scénario plus probable serait la répétition de crises de ce type à chaque sécheresse significative. En particulier, dans le cadre du scénario climatique RCP-8.5, on s'attend à un climat extrême avec une succession d'années sèches comme la suite 2003-2006. Chaque crise serait certes

---

28. Le FWI est un indice de danger d'incendies composite intégrant plusieurs indicateurs élémentaires. Il combine *in fine* une vitesse de propagation initiale du feu et les quantités de combustible disponibles (Van Wagner, 1987). Il intègre notamment les conséquences des conditions de sécheresse sur la disponibilité au feu de la végétation combustible. Il est uniquement fondé sur des paramètres météo, ce qui permet de l'appliquer sur des données météo observées passées ou sur des données simulées futures.
29. Les données Safran sont des données couvrant la France à une résolution de 8 km sur une projection Lambert-II étendue. Elles sont produites par Météo France (Centre national de recherches météorologiques, CNRM).

de moindre ampleur que celle envisagée ici, mais le cumul de leurs effets pourrait être supérieur, sans compter l'effet déstabilisant de cette récurrence pour le monde forestier et sa filière pouvant déboucher sur une aversion à entreprendre paralysant les initiatives.

La localisation des zones de la France métropolitaine touchées par les incendies a été effectuée en isolant les mailles Safran de plus forts dangers d'incendies (FWI › 29,5), puis les zones forestières réellement impactées ont été déterminées au moyen de l'Inventaire forestier national en construisant un indice empirique d'aggravation de la sensibilité à l'incendie des formations forestières.

Pour définir la surface incendiée totale, le choix s'est porté prioritairement sur les points d'inventaire ayant les plus fortes sensibilités aux incendies, jusqu'à atteindre des surfaces équivalentes à 75 000 ha et 175 000 ha, respectivement sous climat actuel et sous trajectoire RCP-8.5.

L'indice empirique d'aggravation de la sensibilité à l'incendie des formations forestières a été construit par l'unité de recherche Écologie des forêts méditerranéennes d'INRAE (URFM) et par l'IGN à partir d'une sélection de variables mesurées sur les points de l'inventaire forestier[30].

Impacts sur la forêt et la filière

La figure 7.1 présente la distribution des incendies du scénario de crise « sécheresse puis incendies » sous scénario climatique RCP-8.5.

Figure 7.1. Localisation des points d'inventaire incendiés pour le scénario de crise « sécheresse puis incendies » sous climat RCP-8.5.

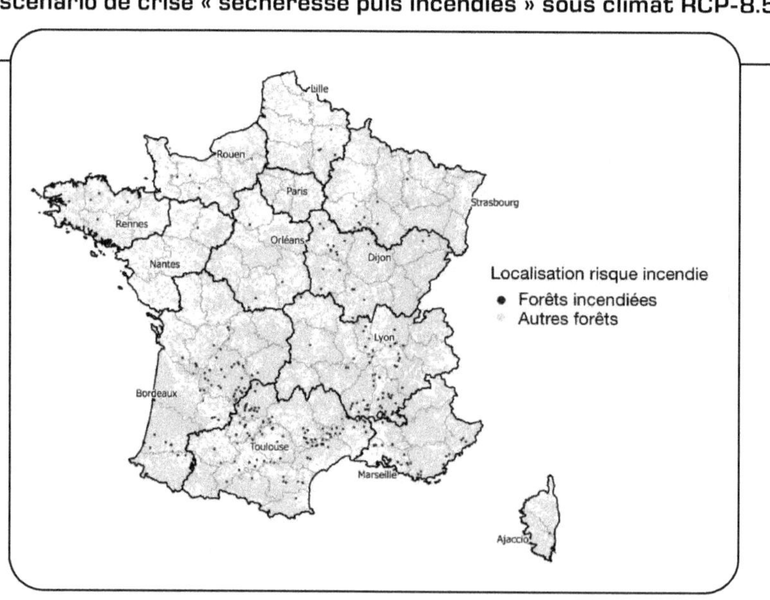

---

30. Les détails concernant cette méthode se trouvent dans Roux *et al.* (2017, annexe 9, p. 3-4).

Sur chaque zone brûlée, on a retenu l'hypothèse d'une mortalité de tous les arbres. Le volume de bois mort issu des incendies a été évalué par le modèle de ressource Margot. Ce modèle fournit les volumes de bois morts déclinés par essences dominantes. Les débouchés des bois brûlés sont limités du fait de la carbonisation des troncs. Ils peuvent néanmoins être valorisés en panneaux de particules ou en bois-énergie.

▮ Tempêtes, attaques de scolytes et incendies

Description de la crise

Il s'agit ici de documenter une crise de tempêtes hivernales d'une ampleur nationale entraînant une pullulation de scolytes sur pins et épicéas, suivie d'une saison catastrophique d'incendies pendant l'été suivant. Le caractère exceptionnel de cette crise est lié à la surface forestière impactée par les tempêtes et aux pertes en bois additionnelles dues aux pullulations de scolytes et aux incendies. Les tempêtes Lothar et Martin de 1999 ont été choisies comme référence : elles se sont suivies à deux jours d'intervalle et ont détruit, à l'échelle de l'Europe, plus de 240 millions de mètres cubes de bois dans 15 pays, dont 176 millions de mètres cubes en France, soit environ trois années de récolte. Ce scénario est traité dans les deux options climatiques étudiées : climat actuel et RCP-8.5.

L'ampleur des tempêtes n'a pas été modifiée dans le scénario RCP-8.5. En effet, les modifications de fréquence et d'intensité de vents extrêmes dues au changement climatique sont moins avérées que les projections d'évolution des températures. En revanche, les études s'accordent à dire que la vulnérabilité des forêts aux tempêtes serait amplifiée par plusieurs phénomènes liés au changement climatique : températures et précipitations plus élevées pendant l'hiver, diminuant la qualité de l'ancrage des arbres. De même, le scénario RCP-8.5 risque d'aggraver les dégâts dus aux scolytes (effet de la sécheresse et de la température) et d'augmenter la surface touchée par les incendies.

Aspects temporels et spatiaux

La période de la crise « tempêtes, scolytes et incendies » a été fixée arbitrairement (pendant le cycle quinquennal du modèle Margot 2026-2030) et suffisamment tôt pendant la période de simulation choisie pour cette étude (2017-2050) de façon à observer les effets de cette cascade de catastrophes selon les différents scénarios de gestion.

La période des incendies a été placée durant la saison estivale suivant directement les tempêtes hivernales, comme proposé pour le scénario de crise « sécheresse puis incendies ». En effet, les tempêtes hivernales d'octobre à janvier sont celles qui ont généré le plus de dégâts en Europe sur la période 1950-2000 (Gardiner *et al.*, 2010). Les pullulations de scolytes sont généralement observées dès l'été qui suit les tempêtes en se concentrant sur les volis et les chablis puis, pendant les années suivantes, sur les chablis et les arbres restés sur pied. Les pullulations de scolytes sténographes sur les pins ne durent pas plus de trois ans (Nageleisen, 2009). En revanche, les pullulations de scolytes typographes sur les épicéas peuvent persister jusqu'à dix ans (Grégoire et Evans, 2007 ; Kärvemo et Schroeder, 2010).

Comme précisé plus haut, pour les besoins de l'étude et par souci de simplification des analyses, une seule crise « tempêtes, scolytes et incendies » a été positionnée pendant la période de simulation choisie. Pour définir la zone des tempêtes, nous avons sélectionné les strates IGN présentant en essences principales des pins et des épicéas de façon à simuler les plus forts impacts de pullulations de scolytes.

Une trajectoire sud-ouest vers nord-est au départ des Charentes a été proposée sur la base de cette sélection de strates IGN. En effet, les tempêtes extratropicales suivent une trajectoire le long du chemin de plus basse pression, avec une étendue plus ou moins large autour de cette ligne. Elles se forment dans l'Atlantique Nord et s'affaiblissent généralement en arrivant sur les côtes. Ces tempêtes proviennent donc le plus souvent de l'ouest et frappent également le nord de l'Angleterre, le nord de l'Allemagne ou la Scandinavie.

La surface touchée par les tempêtes a été choisie sur la base du catalogue des tempêtes qui enregistre les données principales des tempêtes majeures des cinquante dernières années en Europe (Gardiner *et al.*, 2010). Une surface totale comprise entre 700 000 ha et 1 000 000 ha, correspondant à une bande de 50 km de large sur 200 km de long, est alors touchée et représente la surface la plus large impactée par une tempête en Europe durant cette période (1 million d'hectares pour Lothar et Martin en 1999).

Impacts sur la forêt

Une première trajectoire représente le cœur de la tempête (zone orange sur la figure 7.2), où le taux de dégâts (chablis + volis) est supérieur à 40 %. L'hypothèse est avancée que les zones touchées font l'objet de coupes de récolte totale. À cette zone centrale est ajoutée une zone périphérique où les peuplements sont touchés à moins de 40 %. Cette zone de dégâts secondaires (zone bleue sur la figure 7.2) recouvre une surface d'environ 685 000 ha additionnels.

L'estimation des volumes détruits par la tempête a été calculée grâce au modèle ForestGales, Margot ayant fourni des volumes par classe de diamètre selon la catégorie d'essences à la date de déclenchement de la crise. Le modèle ForestGales a été utilisé pour calculer la vitesse de vent critique nécessaire pour déraciner ou casser les arbres de chacune des catégories (essence × diamètre) définies ci-dessus[31]. On obtient le volume de bois détruit, soit par chablis, soit par volis, selon la catégorie d'essences et de diamètre pour chacune des deux zones de dégâts liés aux tempêtes.

Après calcul et compte tenu de la répartition des espèces, le pourcentage d'arbres chablis est de 43 % dans la zone orange et de 16 % dans la zone bleue. La part de chablis et de volis à la suite des tempêtes s'avère une information importante pour tenir compte de la perte de qualité du matériau, et donc des usages potentiels de ces bois endommagés. Ces pourcentages de volumes de dégâts ne sont pas affectés par le scénario RCP-8.5.

---

31. Les détails concernant cette méthode sont présentés dans Roux *et al.* (2017, annexe 10, p. 5-6).

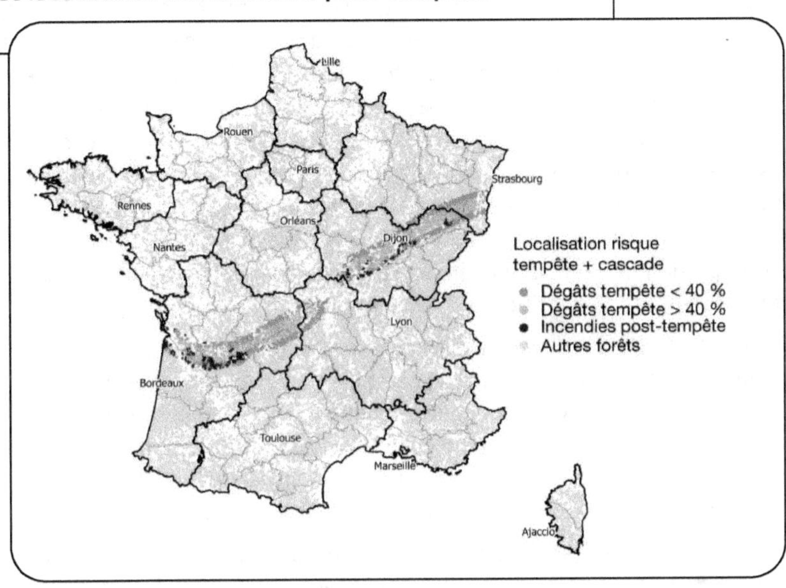

Figure 7.2. Tracé de la tempête proposé pour l'étude et localisation des incendies post-tempête.

Les complexes de combustible générés par les tempêtes (nécromasse importante dans toutes les catégories de diamètre, teneur en eau du combustible faible, forte continuité horizontale et verticale du combustible) sont très favorables à la propagation du feu, mais aussi à une combustion plus complète, qui se prolonge plus longtemps en arrière du front de flamme actif. Compte tenu de la nécromasse considérable générée par les tempêtes (volis, chablis, scolytes) et de la structure favorable à la propagation des incendies de ces complexes de végétation, il a été choisi de concentrer exclusivement les incendies dans la trace de la tempête (zones bleues et orange). Par ailleurs, les difficultés de lutte contre l'incendie dans les zones de végétation post-tempête et la dégradation induite des réseaux et des infrastructures d'appui à la lutte augmentent encore la vulnérabilité au feu de ces espaces. Les surfaces forestières éventuellement brûlées dans les zones hors tempêtes ont par conséquent été volontairement négligées dans ce scénario de crise.

Au sein de la trace des tempêtes, les formations forestières impactées partiellement (zones bleues) ou totalement (zones orange) ont toutes été considérées comme également très vulnérables à l'éclosion et à la propagation du feu, sans qu'il soit plus nécessaire de les distinguer par l'indice empirique d'aggravation de la sensibilité à l'incendie des formations forestières. Pour ce scénario de crise, seule la sécheresse locale, évaluée au moyen de l'indice de danger d'incendie, a été utilisée pour localiser les zones forestières brûlées. Les mailles Safran de plus fort FWI ont été sélectionnées jusqu'à atteindre les surfaces de 75 000 ha en climat actuel et 175 000 ha sous RCP-8.5. Ce choix a été discuté plus haut dans la description du scénario de crise « sécheresse puis incendies ».

Notons que la perte immédiate de carbone lors de la combustion n'a pas été prise en compte lors du calcul du bilan carbone, ni pour la partie valorisée en bois d'œuvre, bois d'industrie ou bois-énergie, ni pour le bois brûlé laissé en forêt. Les incendies post-tempêtes sont très dynamiques, ils produisent plus de charbon de bois que les feux de végétation classiques. Or des études récentes (DeLuca et Aplet, 2008) soulignent la durée de vie très longue du carbone séquestré dans les charbons de bois et proposent de mieux en tenir compte dans les bilans carbone des écosystèmes forestiers soumis à des régimes d'incendies plus sévères du fait du changement climatique. La demi-vie des bois brûlés abandonnés en forêt n'a néanmoins pas été changée (fixée à 30 ans), car peu d'informations sont encore disponibles sur l'évaluation de la quantité de charbon de bois produite en proportion du reste de la nécromasse non charbonnée laissée en forêt, et particulièrement dans le cas d'incendies post-tempête.

On peut aussi s'attendre à une destruction par le feu des places de dépôt de bois, zones d'attente d'enlèvement en bord de parcelles, contribuant à aggraver la perte de carbone. Les plateformes de stockage à long terme qui permettent de différer l'écoulement du bois vers les entreprises de transformation pourraient elles aussi être affectées par des incendies quand elles ne disposent pas de systèmes permanents d'aspersion. Sur les zones incendiées, la mortalité des arbres ayant survécu aux tempêtes a été considérée comme totale.

L'analyse des dommages dus aux pullulations de scolytes pour les pins et les épicéas a fait l'objet d'une recherche bibliographique spécifique selon l'espèce (scolyte sténographe ou typographe). On estime que, pour le climat actuel, ces dégâts sont compris entre 6 % et 12 % des tiges selon les espèces de scolytes et la zone de dégâts. Le climat RCP-8.5 modifie les pourcentages de dégâts additionnels liés aux pullulations de scolytes qui sont multipliés par 1,7[32].

Aspect post-crise

L'expérience acquise lors des tempêtes récentes montre que les débouchés pour les volis sont limités aux panneaux de particules et au bois-énergie et que les volumes récoltés sont de moindre qualité. Le stockage de bois pendant quelques années impacte les éclaircies en bois vert pendant cette période. Les exportations sont plus fortes, mais, généralement, les prix s'effondrent. On constate aussi une diminution des récoltes dans les régions non impactées limitrophes, concomitante à un arrêt des récoltes en bois vert dans les zones impactées. Les débouchés des bois brûlés sont limités du fait de la carbonisation des troncs, mais peuvent néanmoins être valorisés en panneaux de particules ou en bois-énergie.

∎ Invasions biologiques sur chênes ou pins

Description de la crise

On envisage une invasion biologique (champignon ou insecte) entraînant une forte mortalité des recrûs, une mortalité plus modérée des adultes et d'importantes pertes de croissance ; elle commence dès le début de la période étudiée dans certains foyers, puis se

---

32. Plus d'informations dans Roux *et al.* (2017, annexe 10, p. 5-8).

propage à travers l'ensemble du pays. La dispersion du parasite ainsi que les dynamiques de mortalité et de perte de croissance selon son temps de présence ont été calées sur celles observées dans le cas de la chalarose du frêne en France.

Une des particularités de la crise « invasion biologique » est qu'elle n'a pas d'interaction avec les autres risques (sécheresses, tempêtes ou incendies) et qu'elle n'inclut donc pas de cascade de risques. De ce fait, ce scénario d'invasion biologique n'est simulé que sous climat actuel. Elle est néanmoins dimensionnée de façon à impacter des essences d'importance majeure.

Deux types d'invasions biologiques ont été simulés, l'une sur les chênes, l'autre sur les pins. Pour chacune d'entre elles, on a appliqué deux niveaux de sévérité impactant un nombre croissant d'essences. Dans le cas de l'invasion sur chênes, quelle que soit la strate du modèle Margot où ils sont présents, le scénario sévère impacte les chênes pédonculés, sessiles et pubescents, tandis que le scénario plus modéré n'impacte que le chêne pédonculé. Pour les pins, quelle que soit la strate du modèle Margot où ils sont présents, le scénario sévère impacte les pins d'Alep, maritimes, noirs et sylvestres, tandis que le scénario plus modéré n'impacte que le pin maritime.

Aspects temporels et spatiaux

La vitesse de progression choisie pour simuler l'invasion est de 50 km/an. Le départ de cette invasion a été situé dans le nord-est de la France pour la crise affectant les chênes et dans le sud pour celle affectant les pins, avec de multiples foyers initiaux (figure 7.3).

Figure 7.3. Diffusion temporelle et spatiale de la présence du parasite invasif induisant la crise. A. Chênes. B. Pins.

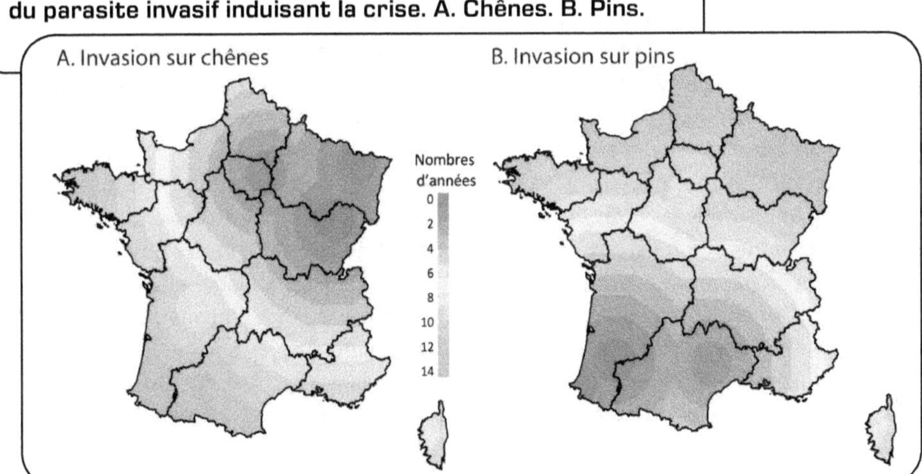

Les strates du modèle Margot sont impactées selon la proportion de points IFN constituant chaque strate touchée par le parasite invasif et selon la durée de sa présence. Seule une partie des essences de la strate est touchée par l'invasion (pins ou chênes), que l'on distingue des autres essences ; l'accroissement, la mortalité et la régénération des essences non impactées se font selon la norme de la strate, mais sont plus faibles pour les essences impactées selon les modalités indiquées au paragraphe suivant. La régénération totale dans une strate est calculée automatiquement en fonction de l'évolution de sa surface terrière[33]. Elle augmente donc en cas de mortalité abondante et est alors répartie en faveur des essences non touchées. Ceci induit un mécanisme de compensation significatif, au profit des essences actuellement accompagnatrices des chênes et des pins. En revanche, il a été choisi de ne pas simuler un remplacement complet d'espèces en cas de peuplements déstructurés par l'invasion, ceci n'étant pas envisageable dans le temps imparti. Nous indiquerons toutefois les surfaces de peuplements déstructurés par l'invasion.

Impacts sur la forêt

Les impacts seront d'abord des pertes de croissance, calibrées en s'inspirant du cas de la chalarose, parasite du frêne (Muñoz *et al.*, 2016). Ces pertes sont calculées en fonction du dépérissement provoqué, tributaire du temps de présence du parasite. La mortalité, qui est importante, dépend du diamètre des arbres considérés : elle est forte pour ceux de diamètre de 5-25 cm et plus modérée pour ceux de diamètre supérieur à 25 cm. La régénération de l'essence impactée se fait selon les modalités normales de la strate, mais en proportion de la part que représente la ou les essences impactées dans la classe 10-20 cm de diamètre après prise en compte de la mortalité liée à l'invasion. Cette régénération s'opère par transfert vers les autres essences de la strate. La forte mortalité des semis liée à l'invasion est donc prise en compte de façon indirecte et conservative.

La sévérité de la crise dépend des trois éléments suivants :
• vitesse de l'invasion. Il fallait dimensionner une crise d'invasion réaliste, mais ayant un fort impact. Nous avons donc choisi une forte vitesse de progression de l'invasion, de 50 km/an comme dans le cas de la chalarose. De multiples foyers initiaux ont été simulés, ce qui est souvent observé dans les invasions biologiques ;
• importance des essences impactées. Les essences impactées, chênes ou pins, sont déterminantes dans la sévérité de la crise. Ce type d'invasion remettant fortement en cause la survie d'une essence n'a, pour l'instant, touché en Europe que des espèces forestières d'importance plus faible (graphiose sur l'orme, maladie des bandes rouges sur le pin laricio ou chalarose sur le frêne). Il existe des mécanismes qui limitent les risques d'invasion d'une essence majeure par un parasite très sévère. En effet, comme c'est souvent le cas pour les espèces majeures, les essences occupant une large surface dans une région donnée présentent à la fois une diversité génétique et un cortège parasitaire (insectes, microorganismes) plus fort (Brändle et Brandl, 2003). De ce fait, elles ont plus de chances d'avoir déjà été affectées par un parasite phylogénétiquement proche du parasite invasif et donc de présenter de la résistance *ex ante*. De même, il y a plus de chances qu'il y ait présence d'ennemis naturels du parasite invasif (prédateurs,

---

33. La surface terrière correspond à la surface de la section d'un arbre mesurée à 1,30 m du sol. Cette grandeur quantifie la concurrence entre les arbres d'un peuplement forestier.

parasitoïdes, mycoparasites, mycovirus) dans l'écosystème envahi. Ceci ne supprime toutefois pas le risque. Ainsi, le châtaignier, essence majeure de la forêt du nord-est de l'Amérique du Nord, a été largement éliminé de ces écosystèmes par *Cryphonectria parasitica* et *Phytophthora cinnamomi* (Anagnostakis, 2001). Il existe, d'autre part, dans d'autres régions du monde des parasites connus présentant une très forte agressivité sur nos pins ou nos chênes. Un exemple classique est l'agent du flétrissement américain du chêne, *Ceratocystis fagacearum*, champignon proche de l'agent de la graphiose de l'orme (MacDonald *et al.*, 2000). De même, l'agrile du frêne, d'origine asiatique, a été introduit accidentellement aux États-Unis au début des années 2000, provoquant la mortalité de millions d'arbres et menaçant la survie de l'ensemble des espèces du genre *Fraxinus* (Poland et McCullough, 2006) ;

• niveau des pertes de croissance et de la mortalité. L'impact du parasite en matière de pertes de croissance et de mortalité est le facteur déterminant pour dimensionner la sévérité de la crise, mais pour lequel nous disposons de peu d'informations. On a simulé des pertes de croissance importantes, correspondant à un parasite qui a atteint une prévalence et une sévérité très fortes, mais ayant un impact moyen sur la croissance (Jacquet *et al.*, 2013 ; Twery, 1991). La mortalité est, elle aussi, assez forte. Toutefois, elle est très inférieure à ce qui a été observé dans le cas de la graphiose de l'orme (Swinton et Gilligan, 1996) et légèrement inférieure à ce qui est observé pour la mort subite des chênes en Californie (Meentemeyer *et al.*, 2008).

Implémentation des crises abiotiques et biotiques dans le modèle Margot

LA DÉMARCHE D'IMPLÉMENTATION DES CRISES consiste à créer, pour chacune des 116 strates du modèle Margot, des sous-domaines séparant la ressource touchée par ces crises du reste de la ressource. Les paramètres de croissance et de mortalité de ces sous-domaines sont impactés au moment de la crise selon les hypothèses propres à chaque scénario de crise décrites précédemment.

La question qui reste en suspens est donc celle de la capacité de la filière à transformer en prélèvements les « disponibilités » qui émergent brutalement dans les zones touchées par les crises. En effet, lors de ces épisodes, une part des volumes touchés est fatalement laissée en forêt, notamment dans des peuplements non gérés ou bien à cause de la saturation des marchés qui entraîne une chute des prix des bois. En fonction de la nature des dégâts, une partie du volume exploitable peut être valorisée selon des usages classiques (c'est le cas des chablis, dont la qualité potentielle reste intacte s'ils sont traités rapidement). D'autres dégâts dégradent en revanche la qualité du bois et les volumes exploitables seront alors essentiellement valorisés en bois-énergie ou, éventuellement, en bois d'industrie (par exemple, dans le cas des résineux scolytés dans la crise « tempêtes, scolytes et incendies »).

En raison de l'ampleur des crises, les volumes de surmortalité sont sans commune mesure avec des événements historiques et documentés en France. La valorisation de telles quantités de bois est fortement liée à la réaction des marchés (intérieurs comme extérieurs) et à la capacité de la filière à exploiter et/ou stocker ces bois. Tout en respectant la philosophie des différents scénarios de gestion (par exemple, la capacité d'absorption réduite dans le cas du scénario « Extensification »), les pourcentages des différentes parts (bois laissé en forêt qui rejoint le compartiment du bois mort/bois valorisé en bois d'œuvre/bois valorisé en bois d'industrie et bois-énergie) ont été fixés « à dire d'experts » par le groupe (tableau 7.1).

Tableau 7.1. Modalités de valorisation des volumes de surmortalité liés aux crises.

Scénario	Type de valorisation des bois		Sécheresse		Incendies	Insectes/scolytes		Volis	Chablis/nettoyage post-tempête
			Feuillus	Résineux	Toutes essences	Feuillus	Résineux	Toutes essences	Toutes essences
Intensification et Dynamiques territoriales	Laissé en forêt		0 %	0 %	30 %	30 %	30 %	30 %	0 %
	Récolté et valorisé	En BO	Selon les usages issus de FFSM	0 %	10 % des 70 % récoltés	Selon les usages issus de FFSM	0 %	0 %	Selon les usages issus de FFSM
		En BI-BE		100 %	90 % des 70 % récoltés		100 %	100 %	
Extensification	Laissé en forêt		0 %	0 %	60 %	60 %	60 %	60 %	0 %
	Récolté et valorisé	En BO	Selon les usages issus de FFSM	0 %	0 %	Selon les usages issus de FFSM	0 %	0 %	Selon les usages issus de FFSM
		En BI-BE		100 %	100 %		100 %	100 %	

BO : bois d'œuvre.
BI-BE : bois d'industrie et bois-énergie.

En raison de l'absence de connaissances fines sur le comportement des acteurs économiques suite à ce type de catastrophes, aucune adaptation « post-crise » de la gestion sylvicole n'a été envisagée. Ainsi, les types de peuplements actuels et les pratiques courantes de gestion ont été conservés par défaut : il n'y a donc pas de reconversion des peuplements, pas de modification des itinéraires sylvicoles post-crises, etc.

Compte tenu des difficultés spécifiques qu'ils posent, les cas particuliers du plan de reboisement et des peupleraies n'ont pas été inclus dans la prise en compte de ces risques. Néanmoins, les campagnes de reboisement se terminant juste au moment des crises (2025-2030), le volume de dégâts y serait minime, car le stock sur pied potentiellement exposé aux crises serait très faible (environ 3 m³/ha en moyenne sur 3 % de la surface forestière).

Conséquences des dégâts causés par les crises majeures sur la filière

CHACUNE DES CRISES DÉCRITES CI-DESSUS aura des impacts différenciés sur les dynamiques forestières et sur les filières associées, ces impacts pouvant varier selon le scénario de gestion et la sévérité du changement climatique (lorsque l'ampleur de la crise dépend directement du changement climatique). Dans la mesure où les invasions biologiques n'ont pas été spécifiquement reliées au changement climatique, ni en matière de déclenchement, ni en matière d'impacts, les conséquences de ce type de crise ne seront examinées que sous climat actuel, leur combinaison avec une accentuation des effets du changement climatique se traduisant par un simple effet d'échelle. En outre, pour des raisons de dimensionnement de l'exercice, seuls deux scénarios de gestion ont été mobilisés ici, à titre illustratif : « Extensification » et « Dynamiques territoriales ». En combinant les différentes options de chacune de nos trois crises avec, le cas échéant, les deux options climatiques définies et examinées précédemment, ce sont huit situations par scénario qui ont été simulées et analysées (tableau 7.2).

Les dégâts provoqués par la crise incendiaire intervenant entre 2026 et 2030 doublent entre l'option climatique actuelle et RCP-8.5 : la surface passe de 75 000 à 175 000 ha et le volume de mortalité supplémentaire de 15 à 36 Mm³.

Une cascade de crises « tempêtes, scolytes et incendies » affecterait 9 % de la surface (700 000 ha gravement, autant en dégâts diffus). En volume, les dégâts seraient les mêmes pour les deux options climatiques et varieraient légèrement entre les deux scénarios de gestion : 330 Mm³ pour « Extensification », contre 324 Mm³ pour « Dynamiques territoriales ». Cependant, il faut noter que la quasi-équivalence des dégâts entre les options climatiques masque une répartition différente des impacts : beaucoup de chablis sous climat actuel, deux fois plus de volume détruit sous climat RCP-8.5 en tenant compte des incendies faisant suite à la tempête. Cette crise est environ deux fois plus grave que celle provoquée par les tempêtes Lothar et Martin en 1999.

Tableau 7.2. Synthèse des crises simulées pour les scénarios « Extensification » et « Dynamiques territoriales » (climat × crises).

Trajectoire climatique Crises	Climat actuel	RCP-8.5
Incendies	Simulé	Simulé
Tempêtes, scolytes et incendies	Simulé	Simulé
Invasion biologique résineux / Sévère : tous les pins	Simulé	Non simulé
Invasion biologique résineux / Uniquement pin maritime	Simulé	Non simulé
Invasion biologique feuillus / Sévère : tous les chênes	Simulé	Non simulé
Invasion biologique feuillus / Uniquement chêne pédonculé	Simulé	Non simulé

Les crises biotiques affectent tout le territoire, leur gravité dépend du nombre et de l'importance initiale des espèces touchées : 120 Mm³ si le pin maritime seul est affecté, environ 350 Mm³ s'il s'agit de tous les pins ou du chêne pédonculé, environ 800 Mm³ si les trois grands chênes sont touchés, ce qui est absolument considérable. Le climat n'intervenant pas dans la définition de la crise, seuls les scénarios de gestion peuvent se différencier dans les dégâts causés : le scénario « Extensification » se distingue de « Dynamiques territoriales » par seulement + 5 % de dégâts. En matière de valorisation des bois par la filière, il faut ajouter que des dégâts d'origine biotique apparaissent progressivement dans le temps et de manière plus ou moins diffuse dans l'espace, ce qui permet de prévenir les dommages collatéraux et de gérer les conséquences de manière plus « lisse » que dans les cas précédents.

Dans les trois cas, les écarts entre les deux scénarios de gestion simulés restent modestes, résultat sans doute lié à une faible différenciation des situations entre scénarios du fait d'un déclenchement toujours précoce des crises, ce qui permet aux peuplements de se reconstituer à l'horizon 2050.

Les mécanismes post-crises que nous avons représentés concernent surtout l'écosystème. L'effet de rétroaction entre surface terrière et recrutement provoque une forte augmentation de la régénération dans les sous-domaines endommagés. Ceux entièrement détruits par la crise (incendies, zone cœur de la tempête, etc.) sont remis en production dix ans après[34], le recrutement correspond alors à celui des nouveaux boisements. La figure 7.4 montre que la perte de volume n'est que très progressivement compensée par une régénération plus importante.

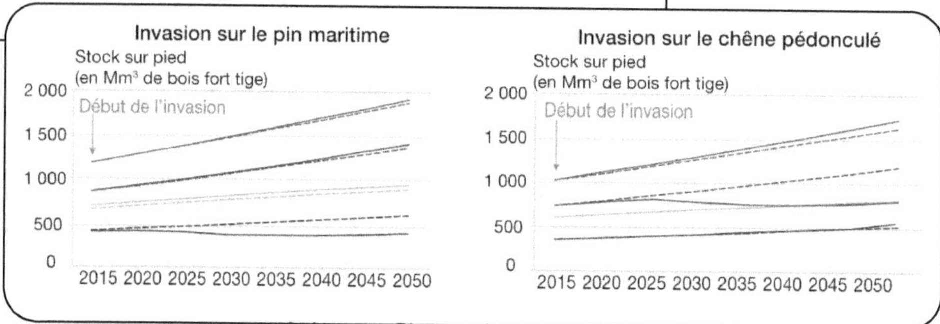

Figure 7.4. Évolution du stock de bois sur pied par groupe d'essence selon le type d'invasion biologique (scénario « Dynamiques territoriales » sous climat actuel).

---

34. Ce délai de dix ans vise à tenir compte de la difficulté des conditions du terrain après perturbation (encombrement par les chablis, etc.) et du diamètre de précomptage de l'inventaire forestier qui fait que seuls les arbres de plus de 7,5 cm de diamètre sont comptabilisés.

En raison de l'absence de connaissances précises sur le comportement des acteurs à la suite de ce type de catastrophes, une adaptation « post-crise » *a minima* de la gestion sylvicole a été implémentée. Ainsi, les types de peuplements actuels et les pratiques courantes de gestion sont conservés (pas de reconversion des peuplements, pas de modification des itinéraires sylvicoles post-crises), sauf pour les crises biotiques pour lesquelles nous avons supposé que le renouvellement se faisait avec les essences d'accompagnement (principalement des feuillus secondaires). Dans la réalité, des dégâts aussi considérables auraient sans doute des impacts sur la gestion sylvicole, avec, comme dans le cas de la chalarose du frêne, une reconversion de certains peuplements ou une adaptation des coupes et des itinéraires de gestion. Ainsi, 2 214 000 ha (14 % des forêts françaises) pour le chêne pédonculé, 5 366 000 ha (34 % des forêts) pour les trois espèces de chênes, 1 195 000 ha (8 % des forêts) pour le pin maritime et 2 772 000 ha (18 % des forêts) pour les quatre espèces de pins pourraient potentiellement être concernés. Difficilement paramétrables dans l'état actuel des connaissances, ces mécanismes peu documentés n'ont pas été pris en compte.

La surmortalité a été répartie entre une partie valorisée économiquement et une partie restant dans l'écosystème sous la forme de bois mort, selon des taux arbitraires dépendant du scénario et en lien avec les capacités de la filière à absorber des quantités de bois exceptionnelles et/ou des coupes sanitaires. Comme on l'a vu dans le tableau 7.1, la partie valorisée a été fixée à 40 % dans le scénario « Extensification », contre 70 % en « Dynamiques territoriales », et entraîne une hausse de la récolte en bois d'industrie et en bois-énergie pour l'essence concernée avant un épuisement progressif de la ressource. Ces taux gagneraient à faire l'objet d'un travail plus approfondi, en combinant l'expertise actuelle et une analyse économique (prix des bois, niveau de gestion).

Effets des crises sur le bilan carbone de la filière forêt-bois

QUELLES QUE SOIENT LA FORME ET L'AMPLEUR DES CRISES qui affectent les dynamiques forestières, leurs effets font ressortir les mêmes ressorts de réaction : la baisse du stockage annuel de carbone dans les bois sur pied, plus ou moins conséquente selon les crises, est, dans un premier temps, au moins partiellement compensée par un regain de stockage dans les bois morts et par des effets de substitution accentués par l'accroissement des disponibilités dû à la crise. À ce mécanisme se surajoute, notamment dans le cas du scénario « Dynamiques territoriales », un stockage marqué dans les produits bois. Les résultats détaillés des effets de chacune des crises envisagées sur le stockage de carbone en forêt et dans les produits bois, ainsi que sur les effets de substitution sont disponibles dans Roux *et al.* (2017, annexe 13). On détaillera ici l'analyse des impacts de ces différentes crises sur le bilan carbone de la filière en s'appuyant sur le cumul de ses effets sur l'ensemble de la période 2016-2050, en distinguant ce qui relève du stockage de carbone dans l'écosystème forestier, de ce qui relève des effets de substitution.

❚ Effets des crises biotiques

En cas d'invasions biologiques, les essences impactées, chênes ou pins, ainsi que la sévérité de l'attaque sont déterminantes dans l'ampleur des dégâts de la crise et de leurs effets sur le bilan carbone. Dans le cas où ce serait les pins qui seraient affectés, le comportement du bilan carbone au fil du temps change peu selon les scénarios de gestion ou la gravité de l'invasion envisagée. En revanche, en bilan cumulé sur la période 2016-2050, si l'invasion ne touchait que les pins maritimes, le stockage en forêt diminuerait de moins de 5 % (figure 7.5A) et les émissions évitées resteraient inchangées (figure 7.5B). Il y aurait en outre davantage de stockage dans les produits bois et d'effets de substitution avec un scénario de gestion de type « Dynamiques territoriales », même si le bilan carbone resterait dominé par le stockage dans la biomasse feuillue.

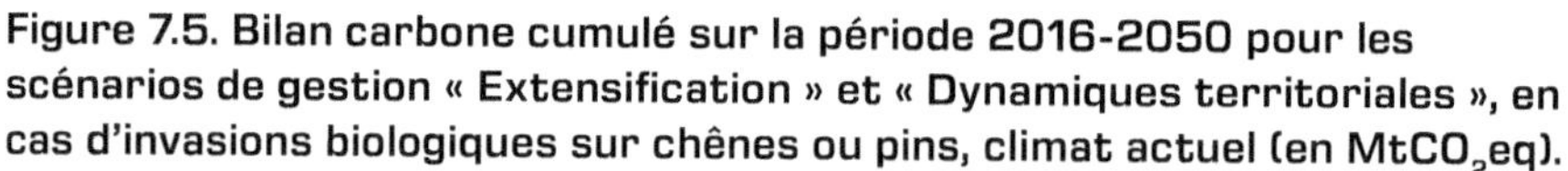

Figure 7.5. Bilan carbone cumulé sur la période 2016-2050 pour les scénarios de gestion « Extensification » et « Dynamiques territoriales », en cas d'invasions biologiques sur chênes ou pins, climat actuel (en MtCO$_2$eq).

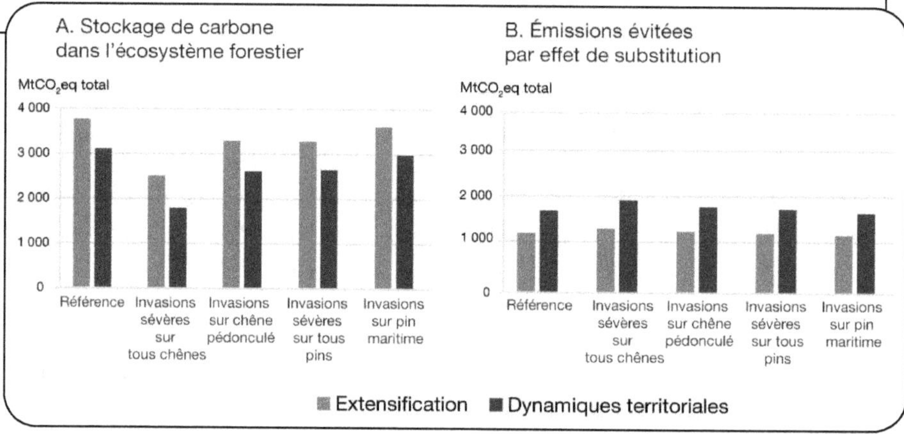

Lorsque ce sont les chênes qui sont touchés, l'impact sur les différentes composantes du bilan carbone est nettement plus conséquent, notamment lorsque toutes les espèces de chêne sont touchées simultanément (figure 7.6).

Les pertes de chênes par mortalité sont suffisantes pour affaiblir la vitesse de stockage, et même pour basculer vers une réduction de la biomasse feuillue. Ainsi, le stockage annuel de carbone dans la biomasse feuillue diminue fortement dès la période 2021-2025, et il devient même négatif sur les deux périodes suivantes (2026-2030 et 2031-2035). Dans ce cas, l'ensemble des autres leviers, que déclenche notamment la crise, compensent la forte perte de chênes : bois mort, stockage de produits et effets de substitution. Le surcroît de stockage dans le bois mort ne suffit cependant pas à maintenir le stockage annuel en forêt.

Figure 7.6. Impact sur les composantes du bilan carbone d'une invasion biologique sévère sur tous les chênes, scénarios « Extensification » et « Dynamiques territoriales », climat actuel (en MtCO$_2$eq/an).

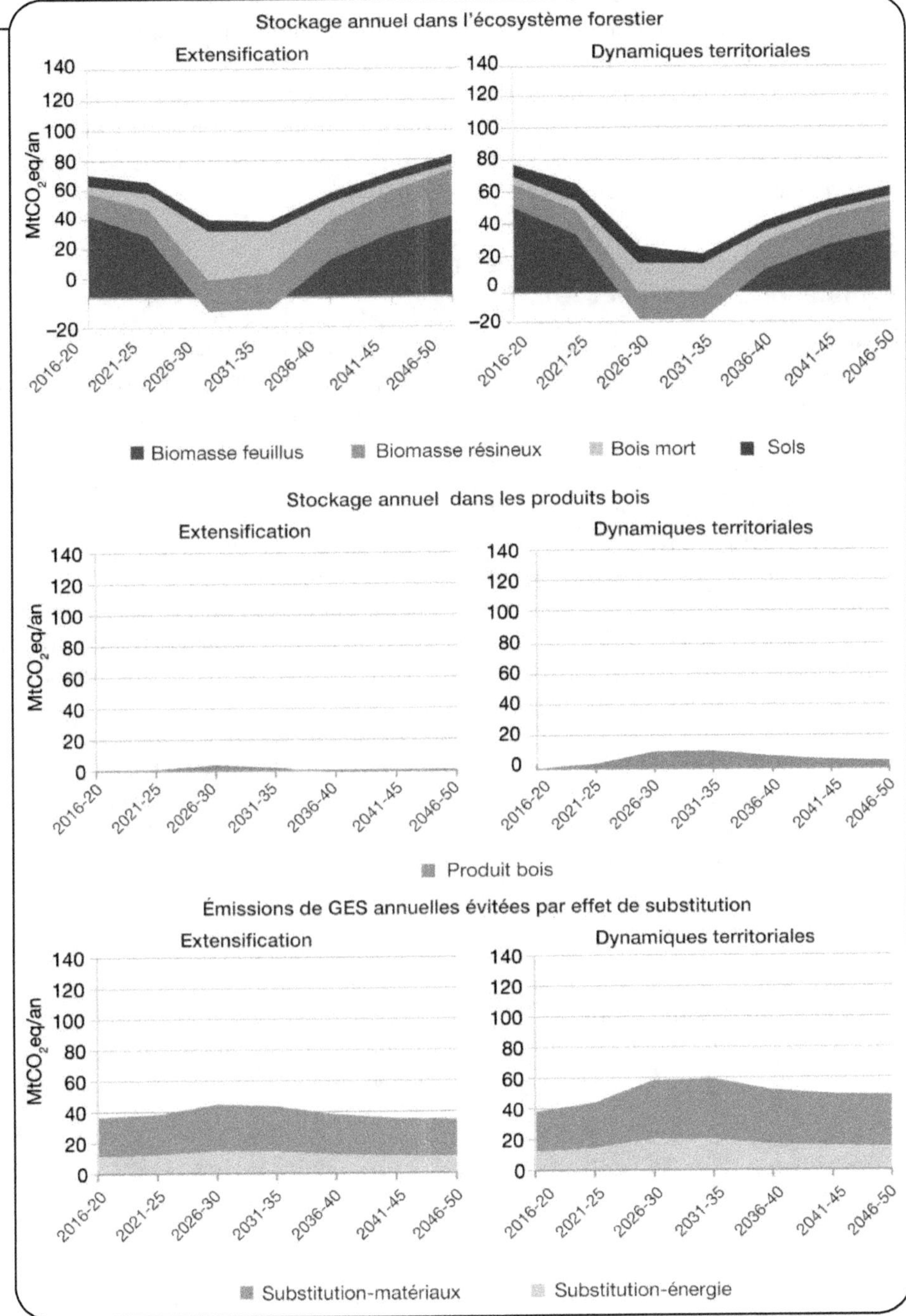

Ainsi, pris globalement sur la période 2015-2050, le stockage cumulé dans l'écosystème forestier quand l'invasion biologique touche tous les chênes (sous climat actuel) diminue de 33 % dans le scénario « Extensification » et de 42 % en « Dynamiques territoriales » (figure 7.5A). Dans le même temps, le stockage de carbone dans les produits bois et les émissions évitées par effets de substitution, qui ont fortement augmenté lors des périodes de crise, se sont au total insuffisamment accrus pour compenser l'ensemble des pertes liées au déstockage en forêt : + 9 % en effets de substitution cumulés 2016-2050 dans le cas du scénario « Extensification », et + 12 % dans celui du scénario « Dynamiques territoriales » (figure 7.5B).

■ Effets des crises abiotiques et leurs cascades (incendies et tempêtes)

Au niveau national, l'impact d'une crise « sécheresse puis incendies » sur le bilan carbone serait absorbé et passerait presque inaperçu dans la variabilité entre années. Sous hypothèse de maintien du climat actuel, la croissance du stockage de carbone en forêt subit un simple ralentissement. En cas de dégradation plus accentuée du climat (RCP-8.5), les dégâts en forêt sont plus conséquents : la surface brûlée dans ce scénario climatique est multipliée par 2,4 par rapport au scénario en climat actuel. L'impact global reste cependant limité, les autres compartiments de la filière jouant pleinement leur rôle d'amortisseur. Le stockage en forêt cumulé sur toute la période 2016-2050 est de moins de 1 % inférieur au scénario sans crise dans tous les cas, sauf dans le scénario « Dynamiques territoriales » en climat RCP-8.5, où l'écart à la situation sans crise est de 3 % (figure 7.7A). Dans ce cas, une faible croissance des effets de substitution vient compenser cette légère perte (figure 7.7B).

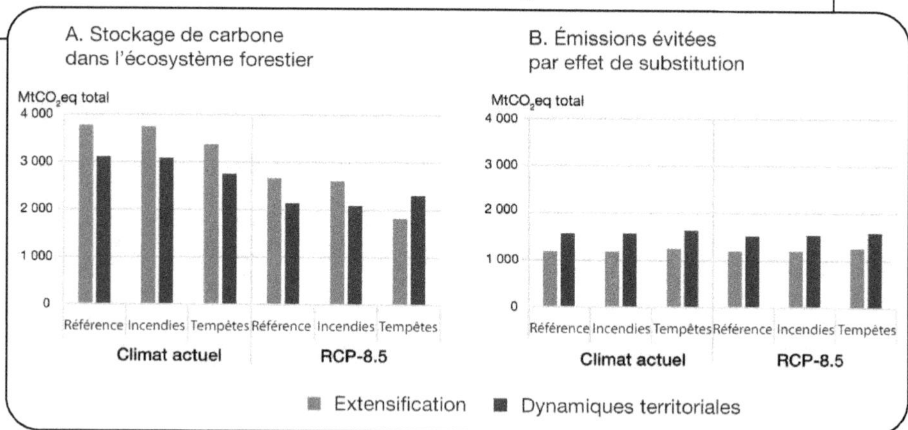

Figure 7.7. Bilan carbone cumulé sur la période 2016-2050 pour les scénarios de gestion « Extensification » et « Dynamiques territoriales », en cas de crises abiotiques (incendies et tempêtes), selon la trajectoire climatique (climat actuel et RCP-8.5, en MtCO$_2$eq).

Rappelons toutefois que, par souci de simplification, une seule crise « sécheresse puis incendies » a été positionnée pendant toute la période considérée. Un scénario plus probable verrait la répétition de crises de ce type à chaque sécheresse significative. En particulier, en cas d'aggravation des effets du changement climatique (RCP-8.5), on s'attend à un climat extrême avec une succession d'années sèches comme la suite 2003-2006. Chaque crise serait certes de moindre ampleur que celle simulée ici, mais le cumul de leurs effets pourrait être nettement supérieur, sans compter que l'effet déstabilisant pour le monde forestier et sa filière de cette récurrence pourrait déboucher sur une aversion à entreprendre, paralysant les initiatives.

À l'inverse, à la suite d'une tempête et de ses complications (cascade tempêtes-scolytes-incendies), le stockage dans la biomasse (aussi bien feuillue que résineuse) se réduirait fortement et, dans certains cas, tendrait même à s'annuler pendant les cinq ans de crise, comme on a pu le constater lors des tempêtes Lothar et Martin en 1999. Néanmoins, une compensation immédiate s'opérerait par l'accumulation de bois mort et le stockage de carbone dans les produits bois, amplifiés par une hausse des bénéfices de substitution.

Ainsi, par exemple, dans le scénario « Dynamiques territoriales » sous climat actuel, le stockage en forêt chute brutalement, passant de près de 84 MtCO$_2$eq/an au cours de la période 2021-2025 à 33 MtCO$_2$eq/an juste après le passage de la tempête (2026-2030). Le choc sur la biomasse forestière est quelque peu compensé, dans l'écosystème forestier lui-même, par un excès de bois mort qui conserve en forêt une partie du carbone. Parallèlement, du fait d'une mise en marché importante de bois à transformer, le stockage de carbone en produits bois et les effets de substitution augmentent fortement à la suite du choc : de 75 % pour les émissions de gaz à effet de serre évitées et d'un facteur 10 pour le stockage en produits (figure 7.8). Le choc est encore plus rude lorsque l'on considère l'option climatique dégradée (RCP-8.5) : on passe alors à un déstockage de carbone dans la biomasse forestière. Corrélativement, le stockage en bois mort est multiplié par près de 4, les effets de substitution et le stockage dans les produits bois font, l'un et l'autre, un bond spectaculaire.

Au total, la compensation est presque complète dans les deux scénarios de gestion considérés ici, si le climat actuel était maintenu, les niveaux de stockage annuel des périodes avant crise (2021-2025) et de crise (2026-2030) restant globalement identiques. Cependant, une tendance à la chute pourrait être observée si le climat suivait la trajectoire RCP-8.5, mais elle se limiterait à environ − 10 %. Les périodes suivantes retrouvant des niveaux de croissance du stockage annuel ou des effets de substitution proches de ceux d'avant crise, le bilan carbone cumulé sur toute la période 2016-2050 serait inférieur de 5 à 6 % à ce qu'il serait sans intervention de la tempête et de ses suites (figures 7.7A et 7.7B).

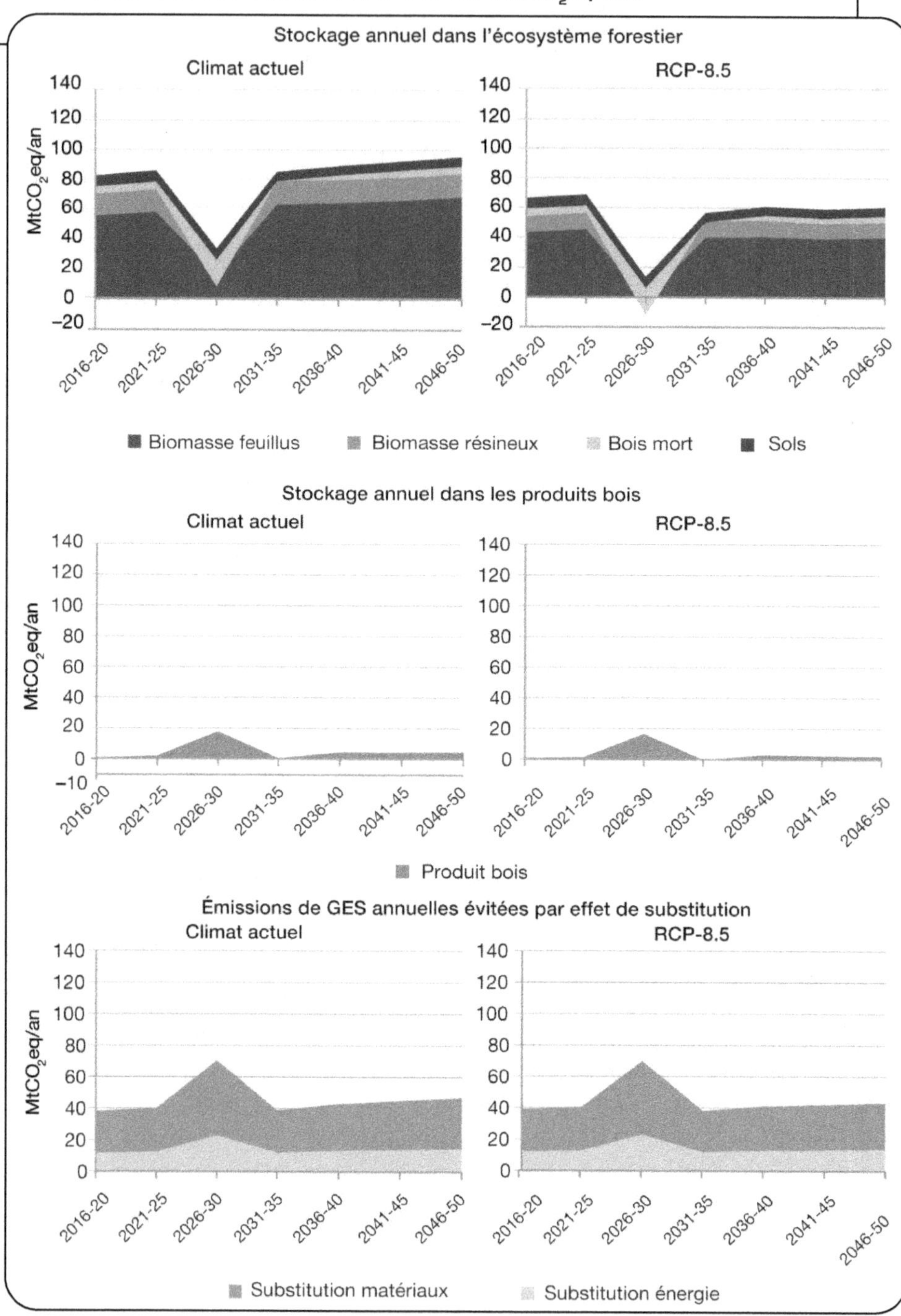

Figure 7.8. Impact sur les composantes du bilan carbone d'une tempête suivie de pullulations de scolytes et d'incendies, scénario « Dynamiques territoriales », climat actuel et RCP-8.5 (en MtCO₂eq/an).

Conclusion de la partie III

COMME ON POUVAIT S'Y ATTENDRE, et bien que ces éléments soient très rarement intégrés dans ce type d'études, une dégradation plus prononcée de la trajectoire climatique actuelle et les crises majeures qui pourraient affecter la dynamique forestière impacteraient le bilan carbone national suivant des modalités très contrastées, selon l'intensité de l'aggravation du changement climatique et la nature de la crise, les cibles affectées, la sévérité et la dynamique du phénomène.

La seule aggravation des effets du changement climatique selon la trajectoire RCP-8.5 envisagée par le GIEC amoindrirait de façon conséquente le bilan carbone de la filière française, et ce quel que soit le scénario de gestion retenu. La capacité de stockage du carbone dans la biomasse forestière française serait durablement impactée et pourrait se réduire de 27 à 30 % par rapport à ce qui se passerait si nous arrivions à maintenir en l'état les conditions climatiques actuelles, sachant que celles-ci sont déjà dégradées. Les conséquences de cette réduction du bilan carbone de la filière pourraient être d'autant plus amorties par les effets de substitution que les scénarios de gestion adoptés permettraient une augmentation, même modérée, des prélèvements et la valorisation des produits bois. La durabilité de prélèvements additionnels sur la ressource, même subissant un accroissement du stock amoindri, n'est pas compromise à l'échelle globale. En revanche, dans ces conditions, une attention particulière devra être portée au niveau local pour éviter que les types de peuplements actuellement les plus exploités ou les plus particulièrement sensibles aux effets climatiques ne voient leurs niveaux de prélèvements atteindre, voire dépasser, des seuils au-delà desquels ils pourraient devenir non durables.

Si une année de recrudescence d'incendies, même deux fois plus sévère que 2003, n'aurait qu'un très faible impact à l'échelle nationale, une crise enclenchée par une tempête deux fois plus grave que Lothar et Martin (en volume de chablis-volis), avec des complications dues à des pullulations de scolytes et à des incendies, aurait un impact de – 15 % sur le bilan carbone national, qui se résorberait en vingt ans environ. Une crise biotique aurait des conséquences plus étalées tout au long de la période, les plus sévères étant celles touchant l'ensemble des chênes et faisant mourir ou affaiblissant jusqu'à 800 Mm³ cumulés sur vingt à trente ans (jusqu'à – 20 % sur le bilan carbone national). De manière générale et compte tenu de leur prépondérance dans la ressource française, le bilan carbone est sensible aux événements touchant principalement les feuillus. Par ailleurs, la récupération après crise serait plus lente sous climat RCP-8.5 que dans les conditions actuelles, pour l'ensemble des composantes qui y contribuent (bois mort, produits et substitution).

Avec une perturbation, même très violente, on ne parvient pas à discriminer clairement les deux scénarios de gestion simulés ici (« Extensification » et « Dynamiques territoriales ») face à des crises majeures. On peut penser que cela est dû au fait que l'occurrence des dommages a été arbitrairement concentrée sur le début de la période simulée et sans répétition de l'événement extrême, afin d'en observer les conséquences jusqu'en 2050, ce qui explique que les scénarios de mobilisation/gestion n'ont pas encore suffisamment le temps de faire clairement diverger les caractéristiques de la ressource.

Les dimensions économiques et sociales de la gestion de ces crises ont été ici traitées très sommairement : d'une part, nous n'avons que partiellement pu simuler la dynamique post-crise pour les forêts (surtout en régénération) ; d'autre part, nous avons considéré que la fraction des dommages valorisée en produits serait de 40 % sous scénario « Extensification » et de 70 % sous « Dynamiques territoriales », sans être vraiment capables d'évaluer le réalisme de telles hypothèses, dans la mesure où les dommages considérés sont d'une ampleur inédite.

Les crises sont effectivement de nature à affaiblir, à annuler, voire à inverser, pour plusieurs années, la vitesse d'accumulation de carbone dans la biomasse forestière. Tant que les peuplements et leurs gestionnaires ont la capacité de réagir à la bonne échelle, cet impact devrait rester inférieur à quinze ans (ce qui est néanmoins important). Le changement climatique, qui affaiblit la croissance, accentue la mortalité et pourrait augmenter la fréquence et la gravité des crises sanitaires, représente de fait un important facteur de risque, notamment pour les stratégies privilégiant le stockage du carbone en forêt.

Compte tenu de la dimension (en hectares et en millions de mètres cubes par an) des crises analysées, on peut penser que les pratiques actuelles de prévention et de préparation aux crises (Gauquelin *et al.*, 2010) ne sont encore pas à la bonne échelle. Ne serait-ce que pour augmenter la résilience de leurs systèmes de gestion, les forestiers gagneraient à renforcer leur entraînement pour réagir face à de tels événements.

L'intégration de risques biotiques et abiotiques majeurs, pouvant par ailleurs se combiner, est une approche très novatrice dans ce type d'étude. Outre le besoin d'acquérir des données spécifiquement adaptées au calcul d'indices de vulnérabilité, un approfondissement est nécessaire pour intégrer ces événements de façon plus dynamique dans les modèles de ressource : projection dynamique de la vulnérabilité des peuplements, connaissance et prise en compte des aspects post-crise (facteurs économiques et sociaux), etc.

Conclusion générale

Originalités de la démarche mise en œuvre

LA DÉMARCHE MISE EN ŒUVRE TOUT AU LONG DE CET OUVRAGE visait à analyser les leviers qui pourraient être activés dans les décennies à venir pour améliorer la contribution, déjà importante, de la filière forêt-bois française à l'atténuation du changement climatique. Elle s'est voulue la plus complète possible et, de ce fait, mobilise de larges compétences pluridisciplinaires pour balayer les multiples dimensions de la question. Elle présente ainsi plusieurs originalités, peu développées dans les travaux déjà réalisés sur cette question (Valade *et al.*, 2018 ; Nabuurs *et al.*, 2015 ; Lundmark *et al.*, 2014 ; Pingoud *et al.*, 2010 ; Schwarzbauer et Stern, 2010 ; Thürig et Kaufmann, 2010) : échelle nationale, prise en compte simultanée des dynamiques forestières, des dynamiques de filières et des dynamiques économiques à l'horizon 2050, intégration explicite des impacts du changement climatique et des crises majeures pouvant affecter les forêts françaises, etc.

En se positionnant à l'horizon 2050, à la fois proche pour les dynamiques forestières et lointain pour les dynamiques économiques, sociales et technologiques, nous avons fait le choix de simuler les effets sur le bilan carbone de trois scénarios de gestion forestière cohérents et contrastés entre eux. Cette démarche prospective, assez rare dans le domaine forestier[35], a été prolongée, d'une part, par l'élaboration d'un plan de reboisement réaliste et adapté aux contraintes des forêts françaises et, d'autre part, par la mise en œuvre d'un plan de simulation articulant trois modèles spécifiques :
• le modèle de ressource de l'IGN, calibré pour simuler les dynamiques forestières à des horizons rapprochés, qui a été poussé jusqu'à ses limites, mettant ainsi en évidence qu'une des clés d'amélioration des comptabilisations carbone à des horizons lointains réside dans les capacités des modèles à représenter des comportements de peuplements forestiers conduits à des densités très variées sur des durées de vie très longues ;
• un modèle économique de la filière pour mieux appréhender les dynamiques de récolte possibles en fonction des capacités des marchés. Au-delà des résultats économiques obtenus, cet essai met en lumière que, si l'objectif est d'accroître les usages des produits bois, celui-ci ne peut être envisagé qu'au prix d'évolutions fondamentales. D'une part, les préférences des consommateurs doivent aller vers les produits bois, d'autre part, des structures industrielles en aval de la filière doivent développer des capacités de transformation et de mise en marché des produits les plus vertueux ;

---

35. Une exception notable en la matière est le travail déjà ancien réalisé par l'Inra (Sebillotte *et al.*, 1998).

• la modélisation IGN basée sur des processus statistiques et démographiques, avec, en complément, une prise en compte des effets du changement climatique qui a nécessité le recours à des principes de modélisation basés sur des processus biologiques. L'articulation entre ces deux types de modèles, qui a permis ici de simuler les effets du changement climatique sur les dynamiques forestières, invite à prolonger le travail dans cette direction afin de mieux appréhender les modes de réaction des forêts à des conditions à ce jour inconnues et donc non observées.

Dans une optique similaire, il a été considéré comme nécessaire, pour explorer les évolutions de la forêt française et de sa contribution à l'atténuation du changement climatique, d'envisager des crises biotiques ou abiotiques majeures qui pourraient grandement changer les termes de l'arbitrage entre stockage en forêt et stockage et substitution dans le reste de la filière. Cette démarche, jamais tentée à cette échelle, met en lumière tout l'intérêt, mais aussi toutes les difficultés de documenter et de simuler la multitude des risques et des cascades de risques envisageables.

● Les compensations entre composantes du bilan carbone différencient entre elles les stratégies de gestion forestière

EN DÉPIT DES INCERTITUDES ET DES LIMITES DES CONNAISSANCES et des outils disponibles, il ressort de cette analyse que le bilan carbone complet de la filière forêt-bois inclut des phénomènes de report et de compensation (entre les différents stocks, entre stocks et substitution) qui lui assurent une certaine stabilité : même si tel ou tel compartiment (par exemple, la biomasse d'un groupe d'espèces affectée par une crise sanitaire biotique très profonde) peut connaître des phases temporaires à bilan négatif (c'est-à-dire une perte nette de carbone), le bilan consolidé sur la période reste positif. Son ordre de grandeur (100 à 170 $MtCO_2eq/an$) fait de la forêt et de la filière forêt-bois française un acteur majeur pour le bilan national de gaz à effet de serre.

C'est, pour une grande partie, le résultat de la dynamique générale d'accumulation de bois sur pied et d'extension en surface dans laquelle se trouvent les forêts françaises de métropole. En effet, au-delà de la progression en surface, chaque hectare forestier, en moyenne, continue de se capitaliser en volume, sous l'effet conjugué de la maturation des surfaces forestières « récentes » (constituées au cours des cinquante dernières années) et d'une gestion peu active sur de larges territoires essentiellement privés ou communaux. Ces phénomènes ont une forte inertie, avec des constantes de temps de plusieurs décennies, ce qui explique que même les très fortes perturbations que nous avons simulées, anthropiques ou naturelles, finissent par être absorbées complètement ou très largement sur la période 2015-2050. De cette forte inertie et résilience d'ensemble des écosystèmes forestiers, il ne faudrait néanmoins pas déduire qu'elles sont des propriétés intrinsèques de l'écosystème. Elles traduisent probablement aussi une conjoncture singulière aussi bien sur les plans écologiques qu'industriels et sociaux :

• après un « minimum historique » situé au début du XIXe siècle, les forêts françaises de métropole sont en cours de « reconstitution », y compris dans leur compartiment « sol » stockant actuellement du carbone à un rythme proche de 4 ‰ ;

• les usages pour lesquels les forêts étaient jadis très exploitées ont été supplantés par les énergies fossiles, le béton et les métaux ;

• l'urbanisation rapide de la société a entraîné une certaine déconnexion, géographique et culturelle, de la population vis-à-vis de la forêt en tant qu'espace productif, tandis que la forêt est progressivement perçue comme un espace de récréation, de nature, de bio-diversité et d'autres services non marchands.

Cette conjoncture historique, qui induit aujourd'hui un bilan carbone fortement positif dans la forêt et la filière forêt-bois, pourrait à l'avenir se transformer, et le bilan carbone évoluer : en toile de fond, on peut craindre que la dégradation rapide du climat, notamment sous les trajectoires d'émissions les plus pessimistes du GIEC, pénalise la productivité forestière et augmente la mortalité des arbres. Par ailleurs, l'émergence de crises sanitaires profondes est une des manifestations les plus inquiétantes et émergentes du changement climatique, à la fois par leurs impacts sur les couverts forestiers et par les déstabilisations et transformations qu'elles sont susceptibles de provoquer dans le champ économique et social. Enfin, la filière forêt-bois est aujourd'hui mise au cœur des débats en tant qu'une des sources principales de la bioéconomie, qui émerge pour substituer des procédés biosourcés à des produits dérivés de ressources fossiles (Roy, 2006). On retrouve bien là l'ensemble des enjeux que nous avons tenté d'articuler dans ce travail.

Nos diverses analyses mettent en évidence et confirment que les différents leviers et compartiments considérés (c'est-à-dire stockage dans la biomasse, le bois mort et les sols, stockage dans les produits bois ainsi que les émissions évitées par substitution du bois à des procédés concurrents producteurs d'énergie ou de matériau) jouent des rôles complémentaires dans l'impact général de la filière forêt-bois sur le bilan carbone national. Par exemple, si l'exploitation des bois connaît un pic, du fait de la résorption des chablis provoqués par une tempête, le ralentissement induit sur le stockage dans la biomasse est largement compensé par des phénomènes jouant en sens contraire (bénéfice immédiat sur les émissions évitées par l'usage des bois et/ou stockage massif en bois mort pour les bois endommagés que les acteurs ne parviennent pas à sauver). Ce mécanisme de compensation entre stockage en forêt et substitution dans la filière prouve l'intérêt de représentations aussi complètes que possible du problème (écologique, industriel et socio-économique : Petersen et Solberg, 2005), alors que la seule considération des stocks en forêt, sur lesquels se focalise en général l'attention, peut donner une vision biaisée de l'impact des forêts et de la filière forêt-bois.

Vu sous cet angle, les trois stratégies de gestion forestière envisagées ici peuvent, en dépit des intenses débats qu'elles provoquent actuellement, être considérées comme difficilement différenciables en matière de bilan carbone cumulé à l'horizon 2050. En effet, les avantages qu'une stratégie d'extensification des prélèvements aurait sur le stockage de carbone dans la biomasse forestière pourraient être très fortement réduits si les dynamiques de la croissance forestière ne suivaient plus les mêmes tendances qu'aujourd'hui, et se ralentissaient sous l'effet du vieillissement des peuplements et/ou d'une aggravation des effets du changement climatique. À l'inverse, les inconvénients de stratégies d'intensification des prélèvements, soit par maintien des taux de prélèvement actuels (scénario « Dynamiques territoriales »), soit par accroissement de ceux-ci (scénario « Intensification avec (ou sans) plan de reboisement »), pourraient être compensés par le développement de produits bois à forts effets de substitution et l'accroissement de leur usage. L'analyse économique met néanmoins en lumière qu'une telle stratégie n'est envisageable qu'au prix d'une réorientation et d'un (re)développement des structures industrielles françaises de transformation du bois, que seule une politique publique est en mesure de provoquer.

Nous avons, par ailleurs, tenté d'imaginer un plan de reboisement visant à créer de nouvelles ressources, très productives et facilement mobilisables, pour alimenter la bioéconomie. À l'image des peupleraies cultivées actuellement, l'idée est de consacrer une faible part de la surface forestière à des sylvicultures où l'objectif de production est assumé et bien affirmé – ce qui n'empêche pas les peuplements concernés de fournir, comme c'est le cas des peupleraies, de nombreux autres services écosystémiques. Les essences et variétés proposées ont été renseignées (approvisionnement en plants, itinéraires techniques, performances et risques connus) et leur potentiel localisé par grandes régions écologiques. L'impact d'un tel plan sur le bilan carbone national ne commencerait néanmoins à devenir significatif qu'après 2050 et pourrait apporter une réponse à la raréfaction anticipée de certaines ressources (par exemple, le douglas au-delà de 2030). Pour aller plus loin, il serait utile de resituer ce plan parmi les différentes options d'adaptation au changement climatique, notamment sous l'angle de la création variétale, de la diffusion des variétés améliorées et de l'évolution des vergers à graine (Merkle et Cunningham, 2011 ; Nijnik *et al.*, 2013). Le pin maritime et le douglas figurent ainsi comme espèces-pivots, à la fois pour l'adaptation et pour un renforcement de la productivité.

Des incertitudes diversement réductibles

C'EST EN S'INTERROGEANT SUR LES COEFFICIENTS TECHNIQUES à mobiliser pour conduire des comptabilisations carbone de l'ensemble de la filière dans une approche prospective que les multiples incertitudes inhérentes à ce type de démarche ont été mises en évidence. Ces dernières sont de diverses natures :
• limitation dans les versions actuelles des modèles existants lorsqu'ils sont mobilisés à des horizons plus lointains qu'à l'ordinaire (absence de prise en compte des effets de densité des peuplements pour Margot, absence de modules d'investissements pour FFSM, faible nombre d'espèces et limitation de la variabilité des milieux dans le modèle de processus GO+, par exemple) ;

• difficultés d'articulation entre modèles (démographiques et à base de processus, notamment) ;

• plage de variabilité des coefficients techniques (substitution, demi-vies, etc.) et facteurs de leurs possibles évolutions.

Si on peut espérer réduire certaines des incertitudes précédentes en améliorant des outils de mesure ou de modélisation, il faut mettre à part les incertitudes relatives à l'évaluation des effets de substitution, notamment pour le bois-matériaux. La plage de variation très large des coefficients relevés dans la littérature s'explique par la diversité des produits bois ou concurrents concernés et par la multiplicité des technologies et des contextes énergétiques à considérer. Une évaluation rigoureuse de ce compartiment nécessite une décomposition plus fine de la filière et de ses produits et un approfondissement des méthodes d'évaluation des émissions des différentes filières de production concurrentes servant de référence. C'est à cette condition que des hypothèses sur leur évolution pourraient être formulées, en tenant compte des évolutions technologiques qui déformeraient le différentiel d'émissions évitées entre les produits bois et leurs produits concurrents.

Des bilans carbone tributaires d'une aggravation du changement climatique ou des crises majeures

L'EFFET D'UNE AGGRAVATION DU CHANGEMENT CLIMATIQUE selon une trajectoire d'émissions de type RCP-8.5 peut se résumer par un ralentissement généralisé de la croissance et par une forte accentuation de la mortalité. À l'échéance 2050, de telles conditions paraissent néanmoins compatibles avec une forte progression du niveau de récolte, telle qu'envisagée dans le scénario « Intensification » par référence à la récolte actuelle, ce qui permet, en matière de contribution à l'atténuation, d'amortir la chute des capacités de stockage en forêt. Néanmoins, les hypothèses considérées sont assez drastiques en ce qui concerne l'impact du climat sur la dynamique des forêts. Ainsi, l'évolution des forêts feuillues a été contrainte par des forçages climatiques calibrés pour le hêtre, une espèce plus sensible à la sécheresse que la majorité des essences feuillues. Une calibration plus spécifique permettrait certainement de mieux caractériser l'impact différencié par grands types d'essences (chênaies de l'ouest, pineraies de plaine, hêtraies montagnardes ou de plaine, sapinières, pessières, etc.) et de recommander des priorités en matière de mesures d'adaptation au changement climatique.

S'agissant des crises, nous avons simulé des situations très pénalisantes : d'une part, nous avons cherché à obtenir un ordre de grandeur des dommages supérieurs aux précédents historiques récents (Lothar et Martin en 1999, Klaus en 2009, sécheresse en 2003, etc.) ; d'autre part, nous avons volontairement mis le système simulé en péril en choisissant des cibles sensibles sur les plans écologiques et industriels, par exemple, une trajectoire de tempête traversant tout le pays, avec de vastes zones à épicéas et feuillus de qualité, ou encore des crises biotiques affectant précisément les groupes d'espèces à fort potentiel pour l'adaptation au changement climatique, tels que les chênes et les pins. Les taux de récupération des dégâts (valorisation des bois endommagés) sont de 40 % sous scénario « Extensification », de 70 % sous scénario « Dynamiques territoriales ». Sous ces conditions, l'impact des crises pénalise le stockage dans la biomasse, de façon plus forte et prolongée en cas de crise biotique que de tempête, mais finit par être compensé à l'horizon 2050. Nous ne prétendons pas avoir capté ici l'ensemble des répercussions de telles crises. Dans nos simulations, les crises abiotiques n'interviennent qu'une seule fois d'ici à 2050 ; or c'est leur répétition qui aggraverait probablement les conséquences. Par ailleurs, les processus de valorisation des produits au moment des crises ont été pensés de façon très mécanique. Or, nous aurions plus probablement affaire à une déstabilisation des industries dimensionnées pour une mobilisation lente des ressources, accompagnée d'impacts socio-économiques profonds pour partie liés à la dégradation des paysages correspondants.

Une des originalités de la prise en compte des crises est d'avoir d'emblée adopté une approche multirisque, qui considère les interactions entre risques. Elle invite à la mise en place d'un réseau national des acteurs académiques et opérationnels sur les risques biotiques et abiotiques en forêt pour approfondir l'analyse.

Des investigations scientifiques et méthodologiques complémentaires à envisager

EN CONSIDÉRANT LES CONTRIBUTIONS RELATIVES DES DIFFÉRENTS LEVIERS, on note que le stockage net dans les produits reste, en toute hypothèse, d'importance faible comparé aux autres leviers. Néanmoins, il faut garder en tête que nous n'avons pas très bien caractérisé les conséquences des usages en cascade du bois et d'une forte prolongation de la durée de vie de ces produits. Toutefois, aussi souhaitables que puissent paraître des progrès de cette nature, il n'est pas évident que la progression du stock de bois immobilisé dans la sphère économique devienne, par elle-même, un puits de carbone majeur. Au-delà de la question des rendements de transformation et de la durée de vie des produits, c'est pendant la phase de transition d'une société très consommatrice de ressources fossiles à une société utilisant massivement le bois que le stockage peut jouer un rôle important. Ce n'est plus le cas en régime stabilisé.

En ce qui concerne les sols forestiers, nous avons constaté qu'ils sont actuellement dans un état non stationnaire caractérisé par une accumulation annuelle de carbone proche du taux de 4 ‰. Nous avons retenu une valeur forfaitaire de 7 millions de tonnes de CO_2eq par an, qui est peut-être en dessous de la réalité. Il serait très précieux de mobiliser des modèles spécifiques illustrant la manière dont cette dynamique du carbone des sols va réagir à la fois aux changements du climat et des pratiques de gestion, et à la fois dans ses modalités d'extensification, d'adaptation au changement climatique et de développement d'itinéraires techniques innovants dédiés à l'alimentation de la bioéconomie.

La prise en compte du compartiment bois mort joue un rôle significatif dans l'évaluation d'ensemble des scénarios. En cas de tempête suivie d'une cascade d'autres dommages (scolytes, incendies), ou encore pendant des crises biotiques durant vingt ans, à l'image de la crise du dendroctone des pins en Amérique du Nord (nous avons simulé une maladie émergente qui affecterait les principaux chênes), on anticipe une forte accumulation dans le compartiment bois mort qui joue globalement un rôle tampon important dans le bilan carbone de la filière. Ce rôle tampon est d'autant plus important que le taux de valorisation effective des bois endommagés est faible (dans le scénario « Extensification », nous avons supposé que 60 % des bois restaient en forêt).

D'un point de vue méthodologique, l'étude a révélé une conclusion fondamentale : pour améliorer la pertinence du modèle Margot de l'IGN à chaque fois qu'il s'agit de pousser les simulations au-delà du court ou moyen terme (vingt ans) et/ou de considérer une large gamme de stratégies de gestion/mobilisation, l'introduction de lois densité-dépendantes contrôlant les taux de recrutement, de croissance et de mortalité confère aux projections des comportements dynamiques plus réalistes (non-amplification des perturbations, saturation de la production ou stimulation de la croissance individuelle aux deux extrêmes de la densité relative des peuplements), dont nous avons vu les conséquences pour le choix d'orientations de gestion.

De la même façon, le recours à un modèle comme FFSM, qui a été construit pour répondre à des questions de recherche, peut se révéler hasardeux pour des études à visée directement opérationnelle. FFSM a été mobilisé tel quel pour les besoins de cette étude, qui sont sensiblement différents des problématiques de recherche à l'origine de l'outil. Ainsi, il ne permet pas de répondre à toutes les questions soulevées par l'étude, en particulier dans sa représentativité des agents économiques de la filière. Par conséquent, pour des usages à des horizons aussi lointains et sous des hypothèses d'évolution assez radicales, FFSM souffre, comme tous les modèles économiques, de son absence de flexibilité en matière d'élasticité-prix, notamment de la demande, pouvant refléter les évolutions des préférences des consommateurs. Par ailleurs, la prise en compte des comportements d'investissement des industries des secteurs de l'aval de la filière de manière endogène au modèle est également un enjeu important, pas toujours aisé à mettre en œuvre, mais d'autant plus crucial qu'il s'agit d'analyser les capacités d'évolution de la filière dont l'objectif est d'accroître les capacités de récolte de bois et de mise en marché de produits bois. À ce niveau, une amélioration pertinente serait de distinguer les comportements des consommateurs de produits de seconde transformation (aujourd'hui agrégés dans les fonctions de demande de l'aval de la filière), ainsi que la nature des gestionnaires/propriétaires forestiers (en distinguant les forêts domaniales, communales, petites propriétés privées et grandes propriétés privées), qui ne réagissent pas de la même manière aux mêmes déterminants d'offre[36].

---

36. Autres variables explicatives que le prix et l'évolution de la ressource et/ou différents niveaux d'élasticité.

La combinaison de modèles, telle que tentée dans cette étude, a permis de faire dialoguer différentes communautés scientifiques, en les amenant à renforcer la transparence de leurs méthodes et de leurs hypothèses et à nourrir chaque approche par ses interactions avec les autres. Nous avons constaté que, pour l'interface entre modèle de ressource et modèle de processus, une amélioration pourrait consister à diversifier les paramétrages disponibles, ce qui est en soi un défi pour notre pays, qui compte au moins une douzaine d'essences forestières importantes. L'interface entre modèle de ressource et modèle économique de filière nationale est moins opérationnelle, et nous avons relevé en particulier un besoin de savoir mieux anticiper des trajectoires dans lesquelles les acteurs adaptent fortement leurs comportements.

Au-delà du bilan carbone, considérer les multiples services rendus par la filière forêt-bois

L'ARGUMENTATION DE CHOIX POLITIQUES concernant les forêts et la filière forêt-bois s'appuie sur des critères multiples. Le bilan carbone de la filière, même s'il compte parmi les critères importants, doit être mis en balance avec d'autres considérations :

• le degré de vulnérabilité, de résilience et de réversibilité des écosystèmes et de la conduite qui leur est (ou non) appliquée : ainsi, la comparaison des trois scénarios de gestion nous montre que, pour des niveaux voisins de bilan carbone agrégé, la contribution relative des stockages et des effets de substitution peut varier fortement. Or les stocks, en particulier ceux dans la biomasse, sont très sensibles aux perturbations, tandis que les bénéfices de substitution sont définitivement acquis ;

• les politiques misant davantage sur la substitution que sur l'accumulation en forêt visent des résultats autres que le carbone (innovation, activité industrielle, emploi, vitalité des territoires, balance commerciale) ;

• dans le débat plus général sur la politique énergétique (où les questions de disponibilité, d'intermittence, d'adéquation offre-demande et de stockage comptent également beaucoup), le bois peut être regardé comme de l'énergie solaire stockée, facilement mobilisable et donc flexible. Le fait de maintenir le stock de bois national à un niveau de densité intermédiaire (ni trop clair, ni trop capitalisé) permet de renforcer encore cette flexibilité, en permettant des modulations, à la hausse comme à la baisse ;

• les forêts rendent de nombreux services écosystémiques très appréciés par la société (espace de récréation, qualité de l'air et de l'eau, paysages, biodiversité, etc.). Même si c'est peu apparent ni revendiqué par les acteurs, le fait que les forêts soient gérées contribue fortement à rendre certains de ces services effectivement disponibles, et à garantir une certaine stabilité dans leur fourniture, en particulier par temps de crise. Une meilleure explicitation de ces relations entre gestion et qualité des services aiderait sans doute à améliorer l'acceptabilité sociale des transformations de pratiques de gestion, qui semblent aujourd'hui inéluctables (Millar *et al.*, 2007) dans le contexte du changement climatique.

Annexe
Détermination des surfaces concernées par le plan de reboisement du scénario « Intensification »

Le scénario « Intensification des prélèvements » a été couplé à un plan de reboisement de 500 000 ha sur dix ans afin d'amplifier progressivement le stock de produits bois-matériaux. Au-delà du choix des essences et de leur répartition, l'élaboration de ce plan de reboisement a nécessité de déterminer les zones où le mettre en œuvre et les essences à implanter dans ces zones.

Choix des zones à intégrer dans un plan de reboisement

Identification des zones potentiellement reboisables

Afin de définir et de localiser les surfaces potentielles où pourrait porter l'effort de reboisement au sein des 116 strates définies par l'IGN pour décrire la forêt française (Colin et Thivolle-Cazat, 2016), une clé d'identification a été proposée et mise en œuvre à partir des données descriptives de la ressource disponibles à l'IGN.

Dans un premier temps, des critères d'exclusion ont été identifiés afin de retenir uniquement les surfaces « éligibles » pour du reboisement dans chacune des 116 strates. Les critères retenus abordent des aspects réglementaires, écologiques ou techniques, qui visent tous à favoriser l'établissement de plantations faciles à mettre en place, productives et aisément mobilisables. Ces critères sont détaillés ci-dessous. Cette démarche a été appliquée séparément pour les peuplements « hors peupleraies » et les peupleraies.

Peuplements « hors peupleraies » (avec plantations)

La surface totale des 116 strates IGN hors peupleraies représente 16 620 900 ha. Les critères d'exclusion des surfaces forestières suivants ont été appliqués à cette surface totale. Ont été exclus les types de surfaces suivantes :

• forêts disponibles pour la production de bois. Les bosquets, les zones difficilement accessibles, les zones protégées ou réservées aux loisirs, les zones exploitées portant déjà un projet de reboisement ;

• enjeu de production de bois. Les ZNIEFF I (Zones naturelles d'intérêt écologique, faunistique et floristique), les zones Natura 2000, les zones à fonction de protection et les terrains militaires ;

• facteurs écologiques limitants. Les zones avec une réserve utile minimum inférieure à 70 mm, celles d'une altitude supérieure à 1 200 m ainsi que les zones ayant des sols toujours engorgés ;

• facteurs économiques d'exploitabilité. Les zones avec une pente supérieure à 30 %, celles avec une distance de débardage supérieure à 500 m ainsi que les zones où il n'y a pas de possibilité de création de pistes.

Après avoir appliqué ces critères d'exclusion à la surface totale des forêts recensées par l'IGN, nous avons pu connaître la surface potentiellement reboisable, qui représente 27 % de la surface totale des 116 strates, soit 4 516 854 ha.

Zones de peupleraies

La surface totale des peupleraies recensées par l'IGN représente 179 000 ha. Les critères d'exclusion des surfaces de peupleraies suivants ont ensuite été appliqués à cette surface totale. Sont ici exclus les types de surfaces suivants :

• Enjeu de production de bois. Les ZNIEFF I, les zones Natura 2000, les zones à fonction de protection et les terrains militaires ;

• Entretien des peupleraies. Les critères utilisés pour les peuplements « hors peupleraies » étant peu pertinents, nous avons décidé de retenir les peupleraies qualifiées de « non entretenues » en considérant qu'elles pouvaient voir leur productivité augmenter avec des entretiens adéquats.

Après avoir appliqué ces critères d'exclusion à cette surface, nous avons pu connaître la surface potentiellement reboisable des peupleraies qui s'élève à 42 900 ha.

■ Choix des zones à reboiser en priorité dans les zones potentiellement reboisables

Parmi les surfaces « potentiellement » reboisables obtenues précédemment, nous avons choisi les zones à reboiser en priorité en nous basant sur les strates définies par l'IGN. Le choix des strates qui pourraient être considérées comme prioritaires pour le plan de reboisement a suivi un processus en cinq étapes.

Étape 1. Strates appartenant aux Greco prioritaires : Greco A, B, G, F (très grand ouest de la France)

L'effort a porté en priorité sur ces Greco (Grand Ouest cristallin et océanique, Centre Nord semi-océanique, Sud-Ouest océanique et Massif central), car elles sont globalement jugées

aptes à porter des boisements productifs et souffrent de peu de contraintes écologiques ou techniques. Le changement d'essence peut y améliorer sensiblement la productivité.

Aux zones exclues du fait des critères mentionnés ci-dessus, nous avons ajouté les plantations déjà existantes, en considérant que ces plantations étaient productives.

Sur les zones restantes, nous avons retenu les strates pour lesquelles le taux de prélèvement actuel était inférieur ou égal à 30 %, en considérant que ces faibles prélèvements étaient révélateurs d'une faible intensité de gestion des peuplements. D'autres strates ont encore été écartées sur des critères de « valeur » des peuplements en place.

Certaines strates correspondant aux critères d'éligibilité décrits jusqu'à ce stade n'ont pas été retenues pour diverses raisons, liées à l'essence principale des strates :
• les peuplements de chêne pubescent sont sans doute situés sur les stations les plus difficiles, et il paraît compliqué de les remplacer par une essence très productive ;
• les peuplements de feuillus précieux (valeur des essences) et de robinier (déjà très productif).

La surface totale des strates IGN appartenant aux Greco A, B, G et F représente 945 916 ha. Les sept strates retenues pour le reboisement sur la surface totale des strates de ces Greco représentent 396 425 ha potentiellement reboisables. Ce sont très majoritairement des forêts privées et composées, selon la nomenclature IGN, d'« autres feuillus ».

Étape 2. Strates appartenant aux Greco secondaires : Greco C, D, E

Dans un deuxième temps, nous avons élargi la recherche aux strates des Greco C, D et E (Grand Est semi-continental, Jura et Vosges) en appliquant toujours les mêmes critères de choix que pour les Greco précédentes, notamment en excluant les plantations et en retenant les strates ayant un taux de prélèvement inférieur ou égal à 30 %.

Certaines strates correspondant aux critères d'éligibilité décrits jusqu'à ce stade n'ont pas été retenues pour diverses raisons, liées à l'essence principale des strates. Par exemple, les peuplements de hêtre, particulièrement importants dans ces Greco, n'ont pas été retenus.

La surface totale des strates IGN appartenant aux Greco C, D et E représente 341 295 hectares. Les trois strates retenues pour le reboisement sur la surface totale des strates de ces Greco représentent 96 434 ha potentiellement reboisables. Ce sont très majoritairement des forêts privées et elles ont pour essence principale « autres feuillus ».

Étape 3. Strates correspondant à des peuplements en impasse sylvicole (plantations incluses)

Dans un troisième temps, nous avons décidé d'élargir la recherche à des strates correspondant à des peuplements composés d'essences confrontées à des baisses de croissance sensibles, liées à des attaques d'agents pathogènes émergents (frêne, pin laricio) ou à des problèmes de vieillissement des souches (châtaignier). À ce titre, les plantations de frêne et de pin laricio ont été réintégrées aux surfaces des strates et le filtre sur le taux de prélèvement n'a pas été appliqué.

À ce stade, pour le frêne, seules les plantations ont été retenues dans les Greco A et B ; tous les peuplements de frêne (peuplements et plantations) ont été retenus dans la Greco C. Pour le pin laricio, les strates (incluant les plantations) retenues sont situées dans les Greco A et B. Enfin, les peuplements de châtaignier retenus sont situés dans les Greco F, G (zone ouest) et I.

La surface totale des strates IGN correspondant aux peuplements (incluant les plantations) de frêne, de pin laricio et de châtaignier représente 479 954 ha. Les quatre strates retenues, en forêt privée uniquement, portent naturellement en essence principale : le frêne, le pin laricio et le châtaignier, et représentent 262 759 ha potentiellement reboisables.

Étape 4. Strates de la Greco J (cèdre en région méditerranéenne)

En région méditerranéenne, nous avons considéré que le cèdre pouvait améliorer la productivité de la forêt sur les meilleurs terrains.

La surface totale des strates IGN correspondant à la Greco J (en excluant les plantations) représente 137 347 ha. Nous avons retenu uniquement deux strates parmi celles-ci, dont l'essence principale est (dans la nomenclature IGN) « autres résineux » et ayant un taux de prélèvement faible. Dans ces deux strates, 7 942 ha sont potentiellement reboisables.

Étape 5. Peupliers

Comme indiqué au chapitre 6, toutes Greco confondues, la surface des peupleraies « non entretenues » qui pourraient faire l'objet d'un reboisement s'élève à 42 900 ha potentiellement reboisables.

À l'issue de ces cinq étapes, la somme des surfaces potentiellement reboisables s'élève à 806 460 ha. Pour « tenir » l'objectif de 500 000 ha de reboisement, nous avons appliqué un « taux de reboisement », variant de 40 à 90 %, selon les zones géographiques et les types de peuplement concernés (tableau A.1).
• Pour les Greco prioritaires : entre 70 et 90 %, sauf pour la strate frêne commun, importante en surface et localisée en Greco B pour laquelle nous avons retenu 40 %.
• Pour les Greco secondaires : autour de 50 %.
• Pour les peuplements en impasse sylvicole : environ 40 % pour le frêne commun, environ 75 % pour le pin laricio et 50 % pour le châtaignier.
• Pour la Greco J et le cèdre en région méditerranéenne : autour de 80 %.
• Pour les peupleraies non entretenues : autour de 50 %.

Tableau A.1. Résumé des surfaces (ha) retenues à chaque étape de sélection et Greco ou peuplements concernés.

Étape	Nombre de strates	Surface totale des strates	Surface potentiellement reboisable	Surf. reboisable/ surf. totale (%)	Surfaces retenues pour le projet de 500 000 ha	Surf. retenues/ surf. reboisable (%)	Surf. retenues/ surf. totale (%)
Greco prioritaires A, B, F et G	7	945 916	396 425	42	286 000	72	30
Greco secondaires C, D et E	3	341 295	96 434	28	53 000	55	16
Peuplements en impasse sylvicole	4	479 954	262 759	55	135 000	51	28
Greco J (région méditerranéenne)	2	137 347	7 942	6	6 500	82	5
Peupleraies	n.d.	179 000	42 900	24	20 000	47	11
Total		2 083 512	806 460	39	500 500	62	24

Affectation des essences dans les strates

APRÈS AVOIR CHOISI LES ZONES ET LES SURFACES DE REBOISEMENT parmi les 116 strates IGN, nous avons imaginé une répartition des essences au sein de ces strates sur la base de l'adaptation pédoclimatique des essences. Le détail de cette répartition est présenté au tableau A.2. L'effort principal concerne les peuplements essentiellement feuillus dans les Greco prioritaires (grande moitié ouest de la France) et les peuplements en impasse sylvicole (84 %). Un complément non négligeable est fourni dans les Greco secondaires (11 %), tandis que la région méditerranéenne et la strate « peupleraies non entretenues » complètent le projet (5 %).

De la même façon, pour chaque espèce, un ou plusieurs itinéraires sylvicoles ont été proposés et, là encore, une ventilation des itinéraires a été appliquée. Cette répartition est explicitée dans le tableau A.3. En revanche, par souci de simplification, la ventilation des différents itinéraires sylvicoles a été la même quelle que soit la zone de reboisement en France (pas de régionalisation).

Tableau A.2. Proportion des différentes essences de reboisement en fonction des Greco retenues.

Greco	Essences objectif actuelles	Essences de remplacement	Justification du choix
Greco A	Autres feuillus et chênes nobles	Épicéa de Sitka : 35 % Douglas : 20 % Abies grandis : 20 % Mélèze hybride : 15 % Séquoia toujours vert : 10 %	Augmentation de la productivité
Greco A et B	Pin laricio	Pin maritime : 65 % Pin taeda : 20 % Douglas : 5 % Mélèze hybride : 5 % Abies grandis : 5 %	Selon les Greco et le type de sol : remplacement du pin laricio malade par une essence plus productive
Greco A, B et C	Frêne commun	Peuplier : 70 % Mélèze hybride : 30 %	Remplacement du frêne malade par une essence plus productive
Greco C, D et E	Autres feuillus	Douglas : 80 % Mélèze hybride : 20 %	Augmentation de la productivité
Greco F	Autres feuillus et autres résineux	Pin maritime : 70 % Pin taeda : 10 % Eucalyptus : 10 % Douglas : 5 % Mélèze hybride : 5 %	Augmentation de la productivité
Greco G	Autres feuillus	Douglas : 70 % Mélèze hybride : 15 % Abies grandis : 15 %	Augmentation de la productivité
Greco F et G	Autres feuillus	Douglas : 40 % Pin maritime : 30 % Pin taeda : 10 % Eucalyptus : 10 % Mélèze hybride : 5 % Abies grandis : 10 %	Augmentation de la productivité
Greco F, G zone ouest et I	Châtaignier	Pin maritime : 70 % Pin taeda : 10 % Eucalyptus : 10 % Douglas : 5 % Mélèze hybride : 5 %	Selon les Greco et le type de sol : remplacement du châtaignier dépérissant par une essence plus productive
Greco J	Autres résineux	Cèdre de l'Atlas : 100 %	Mise en valeur des moins mauvais sols
Strate peupleraie	Peuplier non entretenu	Peuplier : 100 %	Augmentation de la productivité

Tableau A.3. Ventilation des différents itinéraires sylvicoles en fonction des essences.

Essence/scénario	Bois d'œuvre classique (%)	Semi-dédié (%)	Biomasse (%)
Douglas	80	20	
Pin maritime	80	20	
Pin taeda	80	20	
Mélèze hybride	80	10	10
Eucalyptus			100
Peuplier	90		10
Séquoia toujours vert		80	20
Sapin de Vancouver	50	30	20
Épicéa de Sitka	80	10	10
Cèdre	100		

Références
bibliographiques

Anagnostakis S.L., 2001. The effect of multiple importations of pests and pathogens on a native tree. *Biological Invasions*, 3, 245-254.

Barrera F. de la, Barraza F., Favier P., Ruiz V., Quense J., 2018. Megafires in Chile 2017: Monitoring multiscale environmental impacts of burned ecosystems. *Science of the Total Environment*, 637-638, 1526-1536, https://doi.org/10.1016/j.scitotenv.2018.05.119.

Battisti A., Stastny M., Netherer S., Robinet C., Schopf A., Roques A., Larsson S., 2005. Expansion of geographic range in the pine processionary moth caused by increased winter temperatures. *Ecological Applications*, 15 (6), 2084-2096.

Beauregard R., Lavoie P., Thiffault E., Ménard I., Moreau L., Boucher J.-F., Robichaud F., 2019. Groupe de travail sur la forêt et les changements climatiques (GTFCC). Rapport réalisé par FPInnovations, université Laval, Service canadien des forêts et université du Québec à Chicoutimi, 59 p.

Bedia J., Herrera S., Camia A., Moreno J.M., Gutiérrez J.M., 2014. Forest fire danger projections in the Mediterranean using ENSEMBLES regional climate change scenarios. *Climatic Change*, 122, 185-199.

Beeker E., 2017. Transition énergétique allemande : la fin des ambitions ? *La note d'analyse France Stratégie*, 59, 11.

Bellard C., Thuiller W., Leroy B., Genovesi P., Bakkenes M., Courchamp F., 2013. Will climate change promote future invasions? *Global Change Biology*, 19, 3740-3748.

Bergot M., Cloppet E., Pérarnaud V., Déqué M., Marçais B., Desprez-Loustau M.L., 2004. Simulation of potential range expansion of oak disease caused by Phytophthora cinnamomi under climate change. *Global Change Biology*, 10, 1539-1552

Berlizot T., Bour-Desprez B., Lejeune H., Mercier E., Molinier A., Rey G. *et al.*, 2020. Agri 2050. Une prospective des agricultures et des forêts françaises à l'horizon 2050. CGAAER, rapport n°18066, 198 p.

Berthelot A., Bailly A., Bastien J.-C., Dhôte J.-F., Pâques L., Colin A., Bastick C., 2019. Méthodologie utilisée pour le plan de reboisement. Quels rôles pour les forêts et la filière forêt-bois française dans l'atténuation du changement climatique ? Une étude des freins et leviers aux horizons 2030 et 2050. *FCBA-Info*, (8), 1-7.

Bihouix P., 2014. *L'âge des low tech. Vers une civilisation techniquement soutenable*, Le Seuil, Paris, 330 p.

Bontemps J.-D., 2017. L'état surprenant des forêts françaises. Émission radiophonique animée par Fabienne Chauvière, France Inter, dimanche 4 juin 2017 (53 minutes).

Bradford J.B., Jensen N.R., Domke G.M., D'Amato A.W., 2013. Potential increases in natural disturbance rates could offset forest management impacts on ecosystem carbon stocks. *Forest Ecology and Management*, 308, 178-187, doi:10.1016/j.foreco.2013.07.042.

Brändle M., Brandl R., 2003. Species richness on trees: a comparison of parasitic fungi and insects. *Evolutionary Ecology Research*, 5, 941-952.

Bréda N., Huc R., Granier A., Dreyer E., 2006. Temperate forest trees and stands under severe drought: a review of ecophysiological responses, adaptation processes and long-term consequences. *Annals of Forest Science*, 63, 625-644.

Bus de Warnaffe G. du, Angerand S., 2020. Gestion forestière et changement climatique : une nouvelle approche de la stratégie nationale d'atténuation. Rapport de l'étude réalisée en partenariat avec la Fédération des Amis de la Terre France, Canopée et Fern, 88 p.

Caurla S., Delacote P., 2013. FFSM: a French forest-wood sector model which takes forestry issues into account in the fight against climate change. *INRA Sciences sociales*, 4, 1-7.

Caurla S., Lecocq F., Delacote P., Barkaoui A., 2010. The French Forest Sector Model version 1.0. Presentation and theoretical foundations. *Cahiers du LEF*, 2010-03, 41 p.

Cernusak L.A., Haverd V., Brendel O., Le Thiec D., Guehl J.M., Cuntz M., 2019. Robust response of terrestrial plants to rising CO_2. *Trends in Plant Science*, 24 (7), 578-586.

CGDD, 2018. *EFESE : Les écosystèmes forestiers*, La Documentation française, coll. Théma Analyse, e-publication.

Charru M., Seynave I., Hervé J.-C., Bertrand R., Bontemps J.-D., 2017. Recent growth changes in Western European forests are driven by climate warming and structured across tree species climatic habitats. *Annals of Forest Science*, 74, 33 p.

Chatry C., Le Gallou J.-Y., Le Quentrec M., Lafitte J.-J., Laurens D., Creuchet B., 2010. Changement climatique et extension des zones sensibles aux feux de forêts. Rapport de la mission interministérielle, 190 p.

Citepa, 2017. Inventaire des émissions de GES en France entre 1990 et 2015. Rapport CCNUCC, Citepa, Paris, 631 p.

Colin A., 2014. Émissions et absorptions de gaz à effet de serre liées au secteur forestier dans le contexte d'un accroissement possible de la récolte aux horizons 2020 et 2030. Contribution de l'IGN aux projections du puits de CO_2 dans la biomasse des forêts gérées de France métropolitaine en 2020 et 2030, selon différents scénarios d'offre de bois. Rapport final, convention MEDDE-DGEC/IGN, 58 p.

Colin A., Thivolle-Cazat A., 2016. Disponibilités forestières pour l'énergie et les matériaux à l'horizon 2035, tome 1. Rapport, février 2016, convention Ademe/IGN/Copacel, 91 p.

Colin A., Wernsdörfer H., Thivolle-Cazat A., Bontemps J.-D., 2017. France. *In: Forest Inventory Based Projection Systems for Wood and Biomass Availability* (S. Barreiro, M.J. Schelhaas, R.E. McRoberts, G. Kändler, eds.), chapitre 13, Managing Forest Ecosystems, Springer, 159-174, DOI 10.1007/978-3-319-56201-8.

Crutzen P.J., Stoermer E.F., 2000. The "Anthropocene". *Global Change Newsletter*, 41, 17-18.

Dangerman A.T.C.J., Schellnhuber H.J., 2013. Energy systems transformation. *Proceedings of the National Academy of Sciences*, 110, E549-E558, doi:10.1073/pnas.1219791110.

DeLuca T.H., Aplet G.H., 2008. Charcoal and carbon storage in forest soils of the Rocky Mountain West. *Frontiers in Ecology and the Environment*, 6 (1), 18-24.

Denardou A., Hervé J.C., Dupouey J.L., Bir J., Audinot T., Bontemps J.D., 2018. L'expansion séculaire des forêts françaises est dominée par l'accroissement du stock sur pied et ne sature pas dans le temps. *Revue forestière française*, 69 (4), 319-339.

Dhôte J.-F. (coord.), Leban J.-M., Saint-André L., Derrien D., Zhun M., Loustau D. *et al.*, 2016. Leviers forestiers en termes d'atténuation pour lutter contre le changement climatique. Rapport d'étude pour le ministère de l'Agriculture, de l'Agroalimentaire et de la Forêt, Inra-DEPE, Paris, 95 p.

Dupouey J.L., Dambrine E., Laffite J.-D., Moares C., 2002. Irreversible impact of past land use on forest soils and biodiversity. *Ecology*, 83, 2978-2984.

Dupouey J.L., Pignard G., Hamza N., Dhôte J.F., 2010. Estimating carbon stocks and fluxes in forest biomass: 2. Application to the French case upon National Forest Inventory data. *In: Forests, Carbon Cycle and Climate Change* (D. Loustau, ed.), Éditions Quæ, Versailles, 101-129.

Erb K.H., Fetzel T., Plutzar C., Kastner T., Lauk C., Mayer A. *et al.*, 2016. Biomass turnover time in terrestrial ecosystems halved by land use. *Nature Geoscience*, 9 (9), 674-678.

Eriksson L.O., Gustavsson L., Hänninen R., Kallio M., Lyhykäinen H., Pingoud K. *et al.*, 2012. Climate change mitigation through increased wood use in the European construction sector: towards an integrated modelling framework. *European Journal of Forest Research*, 131, 131-144, doi:10.1007/s10342-010-0463-3.

Fabre B., Piou D., Desprez-Loustau M.L., Marçais B., 2011. Can the emergence of pine *Sphaeropsis* shoot blight in France be explained by changes in pathogen pressure linked to climate change? *Global Change Biology*, 17, 3218-3227.

Fargeon H., Pimont F., Martin-St Paul N. K., De Caceres M., Ruffault J., Barbero R., Dupuy J.-L., 2020. Projection of fire danger under climate change over France: where do the greatest uncertainties lie? *Climatic Change*, 160, 479-493.

FCBA, 2008. Carbone stocké dans les produits bois – Conception d'une méthodologie de quantification des variations de stock dans les produits du bois répondant aux exigences du GIEC et application à l'année 2005 pour un rapportage volontaire dans le cadre de la Convention-cadre des Nations unies sur le changement climatique. Rapport final de la convention FCBA-MAP, FCBA, Paris, 87 p.

FCBA, 2011. Perspectives de valorisation de la ressource de bois d'œuvre feuillus en France. Rapport final de l'étude soutenue par le ministère de l'Agriculture, 83 p.

FCBA, 2016. *Memento 2016*, Institut technologique de la forêt, de la cellulose, du bois-construction et de l'ameublement, 46 p.

Fisher M.C., Henk A.D., Briggs C.J., Brownstein J.S., Madoff L.C., McCraw S.H., Gurr S.J., 2012. Emerging fungal threats to animal, plants and ecosystems. *Nature*, 484, 186-194.

Fréjaville T., Curt T., 2017. Seasonal changes in the human alteration of fire regimes beyond the climate forcing. *Environmental Research Letter*, 12, 035006.

Friedlingstein P., Jones M.W., O'Sullivan M., Andrew R.M., Hauck J., Peters G.P. *et al.*, 2019. Global carbon budget 2019. *Earth System Science Data*, 11 (4), 1783-1838, https://doi.org/(...)94/essd-11-1783-2019.

Galik C.S., Jackson R.B., 2009. Risks to forest carbon offset projects in a changing climate. *Forest Ecology and Management*, 257, 2209-2216, doi:10.1016/j.foreco.2009.03.017.

Gardiner B., Blennow K., Carnus J.-M., Fleischer P., Ingemarson F., Landmann G. *et al.*, 2010. Destructive storms in European forests: past and forthcoming impacts. Final report to DG Environment, European Forest Institute – Atlantic European Regional Office.

Gauquelin X., Breda N., Legay M., Nageleisen L.-M., Picard O., 2010. Guide de gestion des forêts en crise sanitaire, Institut pour le développement forestier, Paris, 97 p.

Geng A.X., Yang H.Q., Chen J.X., Hong Y.X., 2017. Review of carbon storage function of harvested wood products and the potential of wood substitution in greenhouse gas mitigation. *Forest Policy and Economics*, 85, 192-200.

Ginisty C., Ruchaud F., Baud S., Guinaudeau F., 1998. *Enquête sur la réussite des boisements, reboisements et améliorations réalisés avec l'aide du Fonds forestier national et du budget de l'État (période 1973-1988). Synthèse nationale*, convention-cadre DERF-Cemagref-Afocel.

GIP Ecofor, 2009a. Biodiversité et gestion forestière : résultats scientifiques et acquis pour les gestionnaires et décideurs. Programme de recherche soutenu par le ministère de l'Écologie, de l'Énergie, du Développement durable et de la Mer, 132 p.

GIP Ecofor, 2009b. Biomasse et biodiversités forestières ; augmentation de l'utilisation de la biomasse forestière : implications pour la biodiversité et les ressources naturelles. Programme de recherche soutenu par le ministère de l'Écologie, de l'Énergie, du Développement durable et de la Mer, 211 p.

Goudet M., 2017. *Réseau systématique de suivi des dommages forestiers. Bilan 2016*, Département de la santé des forêts, 10 p.

Gough C.M., 2011. Terrestrial primary production: fuel for life. *Nature Education Knowledge*, 3 (10), 28.

Grassi G., House J., Dentener F., Federici S., den Elzen M., Penman J., 2017. The key role of forests in meeting climate targets requires science for credible mitigation. *Nature Climate Change*, 7, 220-226, doi:10.1038/nclimate322.

Grégoire J.C., Evans H.F., 2007. Damage and control of BAWBILT organisms, an overview. *In: Bark and Wood Boring Insects in Living Trees in Europe, A Synthesis* (F. Lieutier, K.R. Day, A. Battisti, J.-C. Grégoire, H.F. Evans, eds.), Springer Netherlands, 19-37.

Guehl J.-M., Alexandre S., Peyron J.-L., 2016. La gestion des forêts mondiales et ses interactions avec le changement climatique. *La Revue de l'Académie d'agriculture*, 9, « La COP21, le climat et l'agriculture », 43-47.

Haberl H., Erb K.H., Krausmann F., Gaube V., Bondeau A., Plutzar C. *et al.*, 2007. Quantifying and mapping the human appropriation of net primary production in earth's terrestrial ecosystems. *PNAS*, 104 (31), 12942-12945.

Hedenus F., Azar C., 2009. Bioenergy plantations or long-term carbon sinks? A model based analysis. *Biomass and Bioenergy*, 33, 1693-1702, doi:10.1016/j.biombioe.2009.09.003.

Hervé J.C., Bontemps J.-D., Leban J.M., Saint-André L., Véga C., 2016. Évaluation des ressources forestières pour la bioéconomie : quels nouveaux besoins et comment y répondre ? Communication au *Carrefour de la recherche agronomique « Une bioéconomie basée sur le bois »*, Nancy, 8 décembre 2016, 28 p.

Houghton R.A., Nassikas A.A., 2017. Global and regional fluxes of carbon from land use and land cover change 1850-2015. *Global Biogeochemical Cycles*, 31 (3), 456-472.

Houllier F., 1991. Analyse et modélisation de la dynamique des peuplements forestiers : application à la gestion des ressources forestières. Mémoire pour l'obtention de l'habilitation à diriger les recherches, université Claude Bernard-Lyon-1, 75 p.

IGN, 2013. Un siècle d'expansion des forêts françaises : de la statistique Daubrée à l'inventaire forestier de l'IGN. *L'IF*, (31), Éditeur IGN, 8 p.

IGN, 2016. *La forêt en chiffres et en cartes (memento 2016)*, 17 p.

Inra-DEPE, 2018. *Principes de conduite des expertises et des études scientifiques collectives menées pour éclairer les politiques et le débat public (version 1, mai 2018)*, Inra, 42 p.

IPCC, 2014. Climate Change (2014). Synthesis Report. Contribution of Working Groups I, II and III to the Fifth Assessment Report (AR5) of the Intergovernmental Panel on Climate Change (Core Writing Team, R.K. Pachauri and L.A. Meyer, eds.), IPCC, Genève, 151 p.

IPCC, 2018. Global Warming of 1.5 °C. An IPCC special report on the impacts of global warming of 1.5 °C above pre-industrial levels and related global greenhouse gas emission pathways, in the context of strengthening the global response to the threat of climate change, sustainable development, and efforts to eradicate poverty.

IPCC, 2019. Climate Change and Land: an IPCC special report on climate change, desertification, land degradation, sustainable land management, food security, and greenhouse gas fluxes in terrestrial ecosystems, 1542 p.

Jacquet J.S., Bosc A., O'Grady A.P., Jactel H., 2013. Pine growth response to processionary moth defoliation across a 40-year chronosequence. *Forest Ecology and Management*, 293, 29-38.

Jactel H., Petit J., Desprez-Loustau M.L., Delzon S., Piou D., Battisti A., Koricheva J., 2012. Drought effects on damage by forest insects and pathogens: a meta-analysis. *Global Change Biology*, 18, 267-276.

Jonard M., Nicolas M., Coomes D.A., Caignet I., Saenger A., Ponette Q., 2017. Forest soils in France are sequestering substantial amounts of carbon. *Science of The Total Environment*, 574, 616-628, doi:10.1016/j.scitotenv.2016.09.028.

Kärvemo S., Schroeder L.M., 2010, A comparison of outbreak dynamics of the spruce bark beetle in Sweden and the mountain pine beetle in Canada (*Curculionidae: Scolytinae*). *Entomologisk Tidskrift*, 131 (3), 215-224.

Kurz W.A., Dymond C.C., Stinson G., Rampley G.J., Neilson E.T., Carroll A.L., *et al.*, 2008. Mountain pine beetle and forest carbon feedback to climate change. *Nature*, 452 (7190), 987-990.

Lacroix D., Laurent L., de Menthière N., Schmitt B., Béthinger A., David B. *et al.*, 2019. Multiple visions of the future and major environmental scenarios. *Technological Forecasting and Social Change*, 144, 93-102.

Landmann G., Berger F., 2015. La forêt protectrice face au changement climatique. *In : L'arbre et la forêt à l'épreuve d'un climat qui change*, Observatoire national sur les effets du réchauffement climatique, ministère de l'Écologie, du Développement durable et de l'Énergie, rapport au Premier ministre et au Parlement, La Documentation française, Paris, 65-75.

Le Quéré C., Andrew R.M., Friedlingstein P., Sitch S., Hauck J., Pongratz J. *et al.*, 2018. Global carbon budget 2018. *Earth System Science Data*, 10 (4), 2141-2194, https://doi.org/10.5194/essd-10-2141-2018.

Legay M., Le Bouler H., 2014. Chapitre 5. Exploitation des données du Fonds forestier national. *In : Projet NOMADES (fascicule 1) : Eléments d'histoire et de répartition géographique des essences forestières introduites en France métropolitaine*, ministère de l'Agriculture, de l'Agroalimentaire et de la Forêt, 10-22.

Lindner M., Maroschek M., Netherer S., Kremer A. Barbati A., Garcia-Gonzalo J. *et al.*, 2010. Climate change impacts, adaptive capacity, and vulnerability of European forest ecosystems. *Forest Ecology and Management*, 259, 698-709.

Lippke B., 2009. *Maximizing Forest Contributions to Carbon Mitigation. The science of life cycle analysis: a summary of CORRIM's research findings*, CORRIM Fact Sheet n °5.

Longuetaud F., Santenoise P., Mothe F., Senga Kiessé T., Rivoire M., Saint-André L. *et al.*, 2013. Modeling volume expansion factors for temperate tree species in France. *Forest Ecology and Management*, 292, 111-121.

Lundmark T., Bergh J., Hofer P., Lundström A., Nordin A., Poudel B. *et al.*, 2014. Potential roles of swedish forestry in the context of climate change mitigation. *Forests*, 5, 557-578, doi:10.3390/f5040557.

MacDicken K.G., 2015. Global forest resources assessment 2015: what, why and how? *Forest Ecology and Management*, 352, 3-8.

MacDonald W., Pinon J., Tainter F., Double M., 2000. European oaks: susceptible to oak wilt? *In: Shade Tree Wilt Diseases* (C.L. Ash, ed.), APS Press, St. Paul, MN, 131-137.

Madignier M.-L., Benoit G., Roy C. (coord.), 2014. Les contributions possibles de l'agriculture et de la forêt à la lutte contre le changement climatique. Rapport CGAAER n °14056, Paris, 56 p.

Mathijs E., Brunori G., Carus M., Griffon M., Last L., Gill M. *et al.*, 2015. *Sustainable Agriculture, Forestry and Fisheries in the Bioeconomy: A Challenge for Europe (Stand Committee on Agricultural Research, 4th Foresight Exercise)*, Commission européenne, Bruxelles, 153 p.

Marçais B., Bréda N., 2006. Role of an opportunistic pathogen in the decline of stressed oak trees. *Journal of Ecology*, 94, 1214-1223.

Meentemeyer R.K., Rank N.E., Shoemaker D.A., Oneal C.B., Wickland A.C., Frangioso K.M., Rizzo D.M., 2008. Impact of sudden oak death on tree mortality in the Big Sur ecoregion of California. *Biological Invasions*, 10, 1243-1255.

Merkle S., Cunningham M., 2011. Southern hardwood varietal forestry: a new approach to short-rotation woody crops for biomass energy. *Journal of Forestry*, 109, 7-14.

Millar C.I., Stephenson N.L., Stephens S.L., 2007. Climate change and forests of the future: managing in the face of uncertainty. *Ecological Applications*, 17, 2145-2151.

Ministère de l'Agriculture et de l'Alimentation, 2017. *Programme national de la forêt et du bois 2016-2026*, Paris, 60 p.

Moreaux V., Martel S., Bosc A., Picart D., Achat D., Moisy C. *et al.*, 2020. Energy, water and carbon exchanges in managed forest ecosystems: description, sensitivity analysis and evaluation of the INRAE GO+ model, version 3.0. *Geoscientific Model Development*, in review, discuss., https://doi.org/10.5194/gmd-2020-66.

Moss R., Edmonds J., Hibbard K., Manning M., Rose S., van Vuuren D. *et al.*, 2010. The next generation of scenarios for climate change research and assessment. *Nature*, 463, 747-756, https://doi.org/10.1038/nature08823.

Muñoz F., Marçais B., Dufour J., Dowkiw A., 2016. Rising out of the ashes: additive genetic variation for crown and collar resistance to *Hymenoscyphus fraxineus* in *Fraxinus excelsior*. *Phytopathology*, 106, 1535-1543.

Nabuurs G.-J., Delacote P., Ellison D., Hanewinkel M., Lindner M., Nesbit M. *et al.*, 2015. *A New Role for Forests and the Forest Sector in the EU post-2020 Climate Targets, From Science to Policy*, European Forest Institute, Joensuu, 32 p.

Nageleisen L.M., 2009. L'estimation des dégâts liés aux scolytes après les tempêtes de 1999. *In : La forêt face aux tempêtes* (Y. Birot, G. Landmann, I. Bonhême, eds.), GIP Ecofor, 69-75.

Nijnik M., Pajot G., Moffat A.J., Slee B., 2013. An economic analysis of the establishment of forest plantations in the United Kingdom to mitigate climatic change. *Forest Policy and Economics*, 26, 34-42, doi:10.1016/j.forpol.2012.10.002.

Oliver C.D., Nedal N., Lippke B., McCarter J., 2014. Carbon, fossil fuel, and biodiversity mitigation with wood and forests. *Journal of sustainable Forestry*, 33 (3), 248-275.

Pan Y.D., Birdsey R.A., Fang J.Y., Houghton R., Kauppi P.E., Kurz W.A. *et al.*, 2011. A large and persistent carbon sink in the world's forests. *Science*, 333 (6045), 088-993.

Pausas J.G., 2004. Changes in fire and climate in the eastern Iberian Peninsula (Mediterranean basin). *Climatic Change*, 63, 337-350.

Paustian K., Lehmann J., Ogle S., Reay D., Robertson G.P., Smith P., 2016. Climate-smart soils. *Nature*, 532, 49-57.

Payn T., Carnus J.M., Freer-Smith P., Kimberley M., Kollert W., Liu S.R. *et al.*, 2015. Changes in planted forests and future global implications. *Forest Ecology and Management*, 352, 57-67.

Petersen A.K., Solberg B., 2005. Environmental and economic impacts of substitution between wood products and alternative materials: a review of micro-level analyses from Norway and Sweden. *Forest Policy and Economics*, 7, 249-259, doi:10.1016/S1389-9341(03)00063-7.

Pichancourt J.-B., Manso R., Ningre F., Fortin M., 2018. A carbon accounting tool for complex and uncertain greenhouse gas emission life cycle. *Environnemental modeling and software*, 107, 158-174.

Pingoud K., Pohjola J., Valsta L., 2010. Assessing the integrated climatic impacts of forestry and wood products. *Silva Fennica*, 44, 155-175.

Poland T.M., McCullough D.G., 2006. Emerald ash borer: invasion of the urban forest and the threat to North America's ash resource. *Journal of Forestry*, 104, 118-124.

Riahi K., van Vuuren D.P., Kriegler E., Edmonds J., O'Neill B.C., Fujimori S. *et al.*, 2017. The shared socioeconomic pathways and their energy, land use, and greenhouse gas emissions implications: an overview. *Global Environmental Change-Human and Policy Dimensions*, 42, 153-168.

Robinet C., Kehlenbeck H., Kriticos D.J., Baker R.H.A., Battisti A., Brunel S. *et al.*, 2012. A suite of models to support the quantitative assessment of spread in pest risk analysis. *PLoS ONE*, 7 (10), e43366, https://doi.org/10.1371/journal.pone.0043366.

Robinet C., Laparie M., Rousselet J., 2015. Looking beyond the large scale effects of global change: local phenologies can result in critical heterogeneity in the pine processionary moth. *Frontiers in Physiology*, 6, 334, doi: 10.3389/fphys.2015.00334.

Rogelj J., Popp A., Calvin K.V., Luderer G., Emmerling J., Gernaat D. *et al.*, 2018. Scenarios towards limiting global mean temperature increase below 1.5 °C. *Nature Climate Change*, 8, 325-332.

Roques A., Kenis M., Lees D., Lopez-Vaamonde C., Rabitsch W., Rasplus J.Y., Roy D., 2010. Alien terrestrial arthropods of Europe. BIORISK. *Biodiversity and Ecosystem Risk Assessment*, 4 (Special Issue), 1038 p.

Roy C., 2006. Valorisation de la biomasse forestière : enjeux et priorités. *Revue forestière française*, 58, 413-418.

Roux A., Dhôte J.-F. (coord.), Achat D., Bastick C., Colin A., Bailly A. *et al.*, 2017. Quel rôle pour les forêts et la filière forêt-bois françaises dans l'atténuation du changement climatique ? Une étude des freins et leviers forestiers à l'horizon 2050. Rapport d'étude pour le ministère de l'Agriculture et de l'Alimentation, Inra et IGN, 101 p. + 230 p. (annexes).

Ruffault J., Moron V., Trigo R.M., Curt T., 2016. Objective identification of multiple large fire climatologies: an application to a Mediterranean ecosystem. *Environmental Research Letters*, 11, 075006.

Rüter S., Werner F., Forsell N., Prins C., Vial E., Levet A.L., 2016. ClimWood2030, Climate benefits of material substitution by forest biomass and harvested wood products: perspective 2030. Final Report, Johann Heinrich von Thünen-Institut, Braunschweig, 142 p.

Santini A., Ghelardini L., De Pace C., Desprez-Loustau M.L., Capretti P., Chandelier A. *et al.*, 2013. Biogeographical patterns and determinants of invasion by forest pathogens in Europe. *New Phytologist*, 197, 238-250, doi: 10.1111/j.1469-8137.2012.04364.x.

Sathre R., O'Connor J., 2010a. Meta-analysis of greenhouse gas displacement factors of wood product substitution. *Environmental Science and Policy*, 13 (2), 104-114.

Sathre R., O'Connor J., 2010b. A synthesis of research on wood products and greenhouse gas impacts, 2nd edition. Technical report n° TR-19R, FPInnovation, 123 p.

Schwarzbauer P., Stern T., 2010. Energy vs. material: economic impacts of a "wood-for-energy scenario" on the forest-based sector in Austria. A simulation approach. *Forest Policy and Economics*, 12, 31-38, doi:10.1016/j.forpol.2009.09.004.

Sebillotte M., Cristofini B., Lacaze J.-F., Messéan D., Normandin D., 1998. Prospective : la forêt, sa filière et leurs liens au territoire. Tome 1. *Synthèse et scénarios. Répercussions pour la recherche* (257 p.). Tome 2. *Rapport des ateliers* (130 p.), Inra, Paris.

Sedjo R.A., Sohngen B., 2013. Wood as a major feedstock for biofuel production in the United States: impacts on forests and international trade. *Journal of Sustainable Forestry*, 32, 195-211, doi:10.1080/10549811.2011.652049.

Seidl R., Schelhaas M.-J., Rammer W., Verkerk P.J., 2014. Increasing forest disturbances in Europe and their impact on carbon storage. *Nature Climate Change*, 4, 806-810.

Swinton J., Gilligan C.A., 1996. Dutch elm disease and the future of the elm in the UK: a quantitative analysis. *Philosophical Transactions of the Royal Society, B: Biological Sciences*, 351, 605-615.

Thürig E., Kaufmann E., 2010. Increasing carbon sinks through forest management: a model-based comparison for Switzerland with its Eastern Plateau and Eastern Alps. *European Journal of Forest Research*, 129, 563-572, doi:10.1007/s10342-010-0354-7.

Twery M.J., 1991. *Effects of Defoliation by Gypsy Moth*, USDA Forest Series.

Valade A., Luyssaert S., Vallet P., Njakou Djomo S., Van Der Kellen I., Bellassen V., 2018. Carbon costs and benefits of France's biomass energy production targets. *Carbon Balance and Management*, 13, 26, https://doi.org/10.1186/s13021-018-0113-5.

Van Wagner C.E., 1987. Development and structure of the Canadian Forest Fire Weather Index System. Forestry Technical Report, n° 35, Canadian Forestry Service, Headquarters, Ottawa, 35 p.

Verkerk P.J., Costanza R., Hetemäki L., Kubiszewski I., Leskinen P., Nabuurs G.J. *et al.*, 2020. Climate-Smart Forestry: the missing link. *Forest Policy and Economics*, 115, 102164.

Wernsdörfer H., Colin A., Bontemps J.-D., Chevalier H., Pignard G., Caurla S. *et al.*, 2012. Large-scale dynamics of a heterogeneous forest resource are driven jointly by geographically varying growth conditions, tree species composition and stand structure. *Annals of Forest Science*, 69, 829-844.

Zell J., Kändler G., Hanewinkel M., 2009. Predicting constant decay rates of coarse woody debris: a meta-analysis approach with a mixed model. *Ecological Modelling*, 220, 904-912.

Liste des auteurs et experts scientifiques de cet ouvrage

Pilotes scientifiques

Antoine Colin (IGN, Nancy) – Expert dans les domaines de l'évaluation des ressources forestières, des disponibilités en bois, biomasse et carbone à partir des données de l'Inventaire forestier national, il a participé aux simulations avec le modèle Margot de l'impact sur le bilan carbone du système forêt-bois des scénarios définis de l'étude, contribué à la communication des résultats et participé activement à la préparation de l'ouvrage.

Jean-François Dhôte (INRAE, UMR BioForA, Orléans) – Chercheur en dendrométrie et sylviculture, il a été pilote scientifique, notamment de la première phase de l'étude. Il a ainsi conçu la démarche d'ensemble (scénarios de gestion et de crises, articulation entre modèles), contribué aux analyses bibliographiques qui ont servi à l'établissement des bilans carbone et participé à l'interprétation des résultats. Il a coordonné et participé à la rédaction des premiers éléments de l'étude dont cet ouvrage est issu.

Autres coordinateurs

Alice Roux – Ingénieure agronome, elle a assuré le rôle de cheffe de projet au sein de la DEPE de l'Inra. Elle a coordonné et participé à toutes les étapes de l'étude et a grandement contribué à la rédaction du rapport d'étude et de l'ouvrage qui en est issu.

Bertrand Schmitt (INRAE, UMR Cesaer, Dijon) – Chercheur en économie, il a dirigé la DEPE (2013-2018) durant la réalisation de l'étude. À ce titre, il a épaulé les pilotes scientifiques et la cheffe de projet ; il a contribué à la conduite et à la finalisation de l'étude, assuré la coordination de l'ouvrage tout en participant activement à sa rédaction.

Experts scientifiques co-auteurs

Alain Bailly (FCBA, Bordeaux) – Directeur du pôle Biotechnologies et Sylviculture avancée à FCBA, Institut technologique des secteurs de la forêt, de la cellulose, du bois, de la construction bois et de l'ameublement, il a contribué, au sein du groupe reboisement, à la définition du plan de reboisement.

Claire Bastick (IGN, Nancy) – Ingénieure forestière, elle a simulé, à l'aide du modèle Margot, l'évolution des stocks et des flux de carbone de la forêt française selon les différents scénarios de gestion, de climat et de crises définis dans l'étude.

Jean-Charles Bastien (INRAE, UMR BioForA, Orléans) – Chercheur en amélioration génétique, il a animé le groupe Reboisement en charge de la définition du plan de reboisement, et a aidé à la finalisation de l'ouvrage.

Alain Berthelot (FCBA) – Ingénieur en amélioration génétique et sylviculture du peuplier et animateur du réseau d'essais forestiers de FCBA, il a contribué, au sein du groupe Reboisement, à la définition du plan de reboisement.

Nathalie Bréda (INRAE, UMR Silva, Nancy) – Chercheuse sur la vulnérabilité des forêts aux aléas climatiques, biotiques et aux changements globaux, elle a modélisé l'impact d'une sécheresse accrue sur la croissance et la mortalité des arbres.

Sylvain Caurla (INRAE, UMR BETA, Nancy) – Chercheur en économie forestière, il a participé aux simulations économiques et a analysé les effets économiques des scénarios de gestion sylvicole, simulés avec FFSM.

Jean-Michel Carnus (INRAE, Bordeaux) – Directeur du site de recherche forêt-bois de Bordeaux-Pierroton, il a réalisé les auditions des professionnels de la filière forêt-bois pour analyser les conditions de mise en œuvre des scénarios de gestion sylvicole.

Barry Gardiner (INRAE, Bordeaux) – Chercheur en modélisation des risques abiotiques, il a participé à la définition de la crise liée à la tempête, au sein du groupe d'experts sur les risques.

Hervé Jactel (INRAE, UMR Biogeco, Bordeaux) – Chercheur en écologie des communautés, biodiversité et risques biologiques, il a contribué à la définition des crises liées aux invasions biologiques, au sein du groupe d'experts sur les risques.

Jean-Michel Leban (INRAE, UR BEF, Nancy) – Chercheur dans les sciences du bois, il a réalisé l'analyse bibliographique sur les coefficients de substitution des produits bois et quantifié les effets de la prise en compte de la variabilité de la densité du bois sur les valeurs des coefficients de substitution.

Antonello Lobianco (AgroParisTech, UMR BETA, Nancy) – Ingénieur de recherche en économie forestière, il a réalisé les simulations économiques des effets des scénarios de gestion forestière à l'aide du modèle de filière FFSM.

Denis Loustau (INRAE, UMR ISPA, Bordeaux) – Chercheur en écophysiologie forestière, il a modélisé les processus biophysiques et biogéochimiques dans le cadre d'une aggravation des effets des changements climatiques avec le modèle GO+.

Benoît Marçais (INRAE, UMR IaM, Nancy) – Chercheur en épidémiologie des maladies fongiques, il a participé à la définition des scénarios de crises au sein du groupe d'experts sur les risques, et notamment pris en charge la définition des crises liées aux invasions biologiques.

Céline Meredieu (INRAE, UMR BIOGECO, Bordeaux) – Chercheuse en dendrométrie, sylviculture et vulnérabilité des forêts cultivées, elle a participé à la définition des scénarios de crises au sein du groupe d'experts sur les risques, et notamment pris en charge la définition des cascades de crises liées à la tempête.

Luc Pâques (INRAE, UMR BIOForA, Orléans) – Chercheur en amélioration génétique, il a contribué, au sein du groupe Reboisement, à la définition du plan de reboisement.

Éric Rigolot (INRAE, UR URFM, Avignon) – Chercheur en écologie des perturbations et des risques biotiques et abiotiques, il a participé à la définition des scénarios de crises, au sein du groupe d'experts sur les risques, et notamment pris en charge la définition des crises liées aux incendies. Il a aidé à la finalisation de l'ouvrage.

Laurent Saint-André (INRAE, UR BEF, Nancy) – Chercheur sur les cycles biogéochimiques et le fonctionnement des sols des écosystèmes forestiers, il a coordonné et participé à l'état de l'art international sur le stockage de carbone dans les sols forestiers.

Auteur additionnel

Jean-Marc Guehl (INRAE, UMR Silva, Nancy) – Chercheur en écophysiologie forestière, contraintes hydriques et changement climatique, ancien chef du département EFPA et ancien directeur du métaprogramme de l'Inra « Adaptation au changement climatique de l'agriculture et de la forêt » (Accaf), membre de l'Académie d'agriculture de France, il a proposé une relecture du manuscrit avec une mise en perspective mondiale des enjeux d'atténuation du changement climatique attendu du secteur forestier.

Édition : Juliette Blanchet

Infographie : Clémence Cautain

Mise en page : EliLoCom

Imprimé pour vous par Libri Plureos
GmbH (Allemagne)